三维动画制作项目教程——3ds Max+Unreal Engine4

主　编　孙雨慧　秦红梅
副主编　苏心慧　张　好
参　编　郭　辉　丁　黔

北京理工大学出版社
BEIJING INSTITUTE OF TECHNOLOGY PRESS

内容简介

本书综合运用 3ds Max、Unreal Engine4、Photoshop 等专业软件，使读者知道如何根据特定主题寻找和筛选素材，绘制设计草图，掌握企业级的三维建模工作流程，并利用虚幻引擎制作交互，最终完成 VR 虚拟现实动画巡游项目的制作。

通过本书，读者能够系统掌握 VR 动画制作的全流程，从项目策划到最终实施，每一步都将得到深入的指导和实践。读者将提升三维建模、动画制作、交互设计以及项目管理等多方面的技能，培养出具备职业能力和职业素养的 VR 虚拟现实全景动画师。

图书在版编目（CIP）数据

三维动画制作项目教程：3ds Max+Unreal Engine4 / 孙雨慧，秦红梅主编. -- 北京：北京理工大学出版社，2025. 1.

ISBN 978-7-5763-4801-9

Ⅰ. TP391.414

中国国家版本馆 CIP 数据核字第 20253GX984 号

责任编辑: 陈莉华　　**文案编辑:** 李海燕
责任校对: 周瑞红　　**责任印制:** 施胜娟

出版发行 / 北京理工大学出版社有限责任公司

社　　址 / 北京市丰台区四合庄路 6 号

邮　　编 / 100070

电　　话 /（010）68914026（教材售后服务热线）
　　　　　　（010）63726648（课件资源服务热线）

网　　址 / http://www.bitpress.com.cn

版 印 次 / 2025 年 1 月第 1 版第 1 次印刷

印　　刷 / 定州市新华印刷有限公司

开　　本 / 889 mm × 1194 mm　1/16

印　　张 / 12.5

字　　数 / 263 千字

定　　价 / 87.00 元

前言

在数字化浪潮席卷全球的今天，虚拟现实（VR）技术凭借其独特的沉浸式体验，正在逐步改变我们的生活方式和工作模式。VR 动画作为 VR 技术的重要组成部分，不仅为观众带来了前所未有的视觉盛宴，更为动画创作领域注入了新的活力。为了满足这一领域日益增长的人才需求，我们编写了此书。

《三维动画制作项目教程——3ds Max+Unreal Engine4》是集三维动画、Unreal Engine4虚幻引擎、动漫造型基础、场景设计、图形图像设计等多门学科的综合性教材，本书通过综合运用 3ds Max、Unreal Engine4、Photoshop 等软件，使读者能根据主题寻找素材，绘制设计草图，掌握企业三维建模工作流程，并利用虚幻引擎制作交互，完成 VR 虚拟现实动画巡游项目制作。我们旨在帮助读者系统掌握 VR 动画制作的全流程，培养具备职业能力和职业素养的 VR 虚拟现实全景动画师。

本书聚焦"文化 + 科技"的新业态，从 VR 全景动画师岗位典型工作任务和核心岗位能力出发，依据动漫与游戏制作专业人才培养方案、动漫设计综合实训课程标准，活用"1+X"游戏美术设计证书标准和国家职业技能大赛"VR 虚拟现实"赛项评价标准，依托"VR 民族特色展厅巡游"总项目，按照定方案、建模型、做交互、虚拟呈现的生产流程，制定目录。

本书采用任务驱动式教学法进行编写。以 VR 虚拟现实全景动画师的职业能力和职业素养培养为重点，根据行业岗位需求及动漫与游戏制作专业教学大纲选取真实企业项目内容，利用工作过程系统化的原则设计学习任务，通过"项目介绍""任务前导""任务知识储备""制作流程""任务自评""岗课赛证拓展"等多个环节，让学生在技能训练过程中加深对专业知识的理解和应用，培养学生的综合职业技能，全面体现职业教育的创新理念。

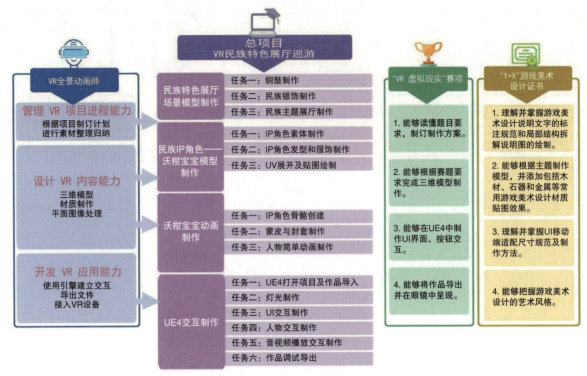

"岗课赛证"总体任务划分图

　　本书内容涵盖了VR动画制作的各个方面，从动漫造型基础到场景设计，从图形图像设计到三维动画制作，再到Unreal Engine4虚幻引擎的应用，每一个环节都紧密结合实际需求，力求做到全面、系统、实用。同时，我们还特别注重理论与实践的结合，通过大量的案例分析和实战演练，帮助读者将所学知识转化为实际工作能力。全书面向喜欢虚拟现实技术的初、中级学习者，通过本书案例的学习能使读者更扎实地掌握计算机数字绘画、三维建模、动画制作等基础知识，为构建虚拟世界打好基础。本书使用的三维软件是3ds Max 2022版本，虚拟现实交互搭建使用的是Unreal Engine4.27.2版本，读者也可以根据自己的需求和兴趣选择一款合适的软件进行深入学习。同时，也要了解各种软件之间的异同，以便在需要时能够灵活切换。

　　VR动画制作是一门综合性极强的学科，需要读者具备广泛的知识储备和扎实的技能基础。因此，在编写本书时，我们力求做到深入浅出、通俗易懂，让每一位读者都能够轻松上手、快速进步。同时，本书配有相应课件、教案、案例素材、源文件、习题集等数字资源，所有资源均可以通过扫描二维码获取并随时查看，同时在超星学习通平台上建有线上开放课程，欢迎读者加入课程共同学习。我们也鼓励读者在学习过程中多思考、多实践、多创新，不断提升自己的综合素质和竞争力。

　　最后，我们衷心希望本书能够成为广大读者学习VR动画制作的良师益友，为培养更多优秀的VR动画人才贡献一份力量。让我们一起携手共进，不断前行！

　　限于编者水平有限，错误和表述不妥之处在所难免，敬请读者批评指正。

网络课程

编　　者

目录

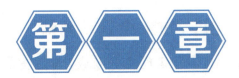

第一章

VR 动画制作基础

任务一 VR 三维动画制作概述

简介（微课）

1. 什么是 VR 动漫制作

　　VR 是 Virtual Reality（虚拟现实）的缩写，是一种通过计算机生成的三维图像和声音等多种感官反馈的技术，通过创建虚拟场景，使用户获得身临其境的体验，如图 1-1-1 所示。用户戴上特制的耳机、眼镜或手套等装备，可以直接与"虚拟空间"进行互动。VR 动画是一种创新的动画技术，它将虚拟现实技术和多媒体动画技术相结合，制作出能够在全方位空间内运动、旋转、变形、照明、模拟重力等动画效果的三维立体动画。现阶段在游戏开发、电影制作、广告宣传、模拟展馆等方面大放异彩。

图 1-1-1　VR 场景

行业小贴士　走进"VR全景动画师"

在 VR（虚拟现实）和 AR（增强现实）领域，VR 全景动画师是许多项目团队中必不可少的成员。他们经常承担以下职责：

1. 设计虚拟现实场景：VR 动画师可以帮助设计团队创建复杂而逼真的虚拟环境，这些环境可以用于游戏、演示和其他人工智能应用。

2. 创建虚拟现实角色：VR 动画师也可以协助设计团队创建虚拟角色，如人物角色、动物、机器人等，这些角色可以代表完成特定任务或提供与用户直接交互的功能。

3. 制作虚拟现实动画：VR 全景动画师可以创建各种动画，并将其放入虚拟场景中。他们可以使用 2D 和 3D 动画技术，创建从小的角色动画，到大型整体动画的各种虚拟世界。

4. 编写程序：VR 全景动画师也负责编写程序。编写程序可以帮助其他团队成员创建动画或增强角色的功能。

5. 改进用户体验：VR 全景动画师可以优化交互模型，以帮助用户更好地体验虚拟世界。他们可以优化虚拟世界的人工智能，以便提供更高效、更智能的用户体验。

总之，VR 全景动画师可积极参与各个面向虚拟现实（VR）、增强现实（AR）应用程序的设计和开发，致力于创造最佳的、令人惊叹的虚拟体验。

想、查、悟

1. 我们学习的传统动画制作有哪些？与 VR 动画制作有何异同？

_____

_____

2. 你体验过 VR 虚拟技术吗？查一查最新的 VR 动画有哪些作品，并试着与同学们分享。

_____

_____

2. VR 动漫行业发展前景

《中华人民共和国国民经济和社会发展第十四个五年规划和 2035 年远景目标纲要》中将虚拟现实列入数字经济重点产业，赋予虚拟现实产业新的历史使命，整体驱动相关产业链加速发展。国家政策支持、5G 网络高速发展、非接触式经济新需求等各利好因素正推动我国虚拟现实技术不断创新发展，市场规模迅速扩大，虚拟现实产业将迎来新的爆发期。"VR+ 动漫"将成为产业新风口，随着 VR 技术的繁荣发展，高高在上的黑科技变成现实生活中实实在在的体验，VR 动漫产业必将实现高速盈利，目前社会对 VR 影视动漫人才和 VR 游戏设计人才有着很大的需求。

行业小贴士　VR 人才缺口巨大

自 5G 应用时代开始，"宅经济"让消费者对虚拟现实的接受度不断提升，远程看房、远程医疗、虚拟课堂、VR 直播等技术已经开始发挥独特价值。

众多招聘调查显示，VR 行业目前薪酬普遍较高，与 VR 行业相关的游戏行业、动漫行业等薪酬可达 3.2 万~3 万元。但是，LinkedIn（领英）发布的《全球虚拟现实技术（VR）人才报告》显示，VR 行业人才需求占比高达 18%，供给只占 2%，VR 人才严重紧缺。

2021 年，我国 VR 人才缺口超过 100 万，远远无法满足行业企业对技术技能岗位的用人需求，亟待建立专业的人才培养体系，现如今，各大企业聚焦区域行业产业需求，不断深化产教融合和各地校企合作。除了搭建 VR 教育平台，组织各类高端论坛、培训外，主要任务也是做好虚拟现实领域国家标准制定、检测设备的研发等工作。

想、查、悟

1. 你还知道哪些 VR 相关的岗位？

_____

_____

2. 你觉得 VR 动画技术未来将如何改变人们的生活方式？

_____

_____

任务二　VR 三维动画制作软件介绍

1. 学好 VR 动漫制作所需的技能

VR 开发需要掌握相关的编程语言和多种开发工具，进行 3D 建模、物理引擎、虚拟现实渲染等方面的设计和开发；同时还需要了解各种设备的硬件特性和软件兼容性，以完成最终呈现，如表 1-2-1 所示。

表 1-2-1　VR 动漫制作所需技能及使用软（硬）件

序号	所需技能	使用软（硬）件
1	掌握图形设计制作和动画设计原理	Photoshop、Illustrator、After Effects
2	了解虚拟现实（VR）和增强现实（AR）基础知识，掌握 3D 建模、动画软件和虚拟游戏引擎	Maya、3ds Max、Blender、Cinema 4D、UE4、UE5、Unity
3	了解虚拟现实交互语言编写	C ++、C#、Java
4	掌握作品导出及终端设备呈现的方法	VR 头盔、操控手柄

2. VR 动画制作流程及常用的 3D 建模软件

VR 动画制作流程及常用的 3D 建模软件如表 1-2-2 所示。

表 1-2-2　VR 动画制作流程及常用的 3D 建模软件

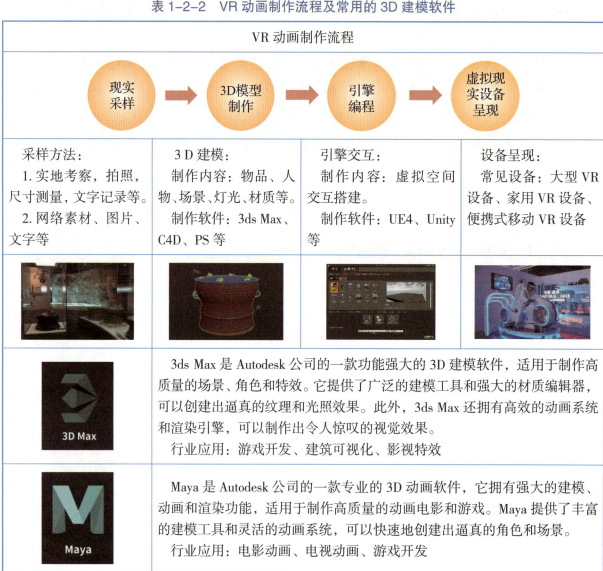

VR 动画制作流程			
现实采样 →	3D模型制作 →	引擎编程 →	虚拟现实设备呈现
采样方法： 1. 实地考察，拍照，尺寸测量，文字记录等。 2. 网络素材、图片、文字等	3 D 建模： 制作内容：物品、人物、场景、灯光、材质等。 制作软件：3ds Max、C4D、PS 等	引擎交互： 制作内容：虚拟空间交互搭建。 制作软件：UE4、Unity 等	设备呈现： 常见设备：大型 VR 设备、家用 VR 设备、便携式移动 VR 设备

3D Max	3ds Max 是 Autodesk 公司的一款功能强大的 3D 建模软件，适用于制作高质量的场景、角色和特效。它提供了广泛的建模工具和强大的材质编辑器，可以创建出逼真的纹理和光照效果。此外，3ds Max 还拥有高效的动画系统和渲染引擎，可以制作出令人惊叹的视觉效果。 行业应用：游戏开发、建筑可视化、影视特效
Maya	Maya 是 Autodesk 公司的一款专业的 3D 动画软件，它拥有强大的建模、动画和渲染功能，适用于制作高质量的动画电影和游戏。Maya 提供了丰富的建模工具和灵活的动画系统，可以快速地创建出逼真的角色和场景。 行业应用：电影动画、电视动画、游戏开发

续表

	Cinema 4D 是由 Maxon 公司出品的一款 3D 图形软件，以其高效能和易用性而受到广泛欢迎。它拥有强大的建模、渲染和动画功能，适用于各种类型的 3D 项目。Cinema 4D 还提供了广泛的插件生态系统，可以与其他软件无缝集成，方便用户在不同工具间进行切换。 行业应用：广告动画、电影特效、电视包装、产品设计
	Blender 是一款开源的 3D 建模软件，适用于创建高质量的场景、角色和特效。它具有广泛的建模工具和强大的材质编辑器，可以快速地创建出逼真的纹理和光照效果。此外，Blender 还拥有强大的动画系统和渲染引擎，可以制作出令人惊叹的视觉效果。 行业应用：设计、视觉效果、广告、电影制作
	ZBrush 是一款专业的 3D 雕刻软件，适用于创建高质量的数字雕塑和纹理。它提供了广泛的雕刻工具和强大的材质编辑器，可以快速地创建出逼真的细节和纹理。ZBrush 在游戏开发、电影制作和广告领域中有着广泛的应用。 行业应用：角色设计、游戏模型、电影道具设计

3. VR 动画制作常用的游戏开发引擎

VR 动画制作常用的游戏开发引擎如表 1-2-3 所示。

表 1-2-3　VR 动画制作常用的游戏开发引擎

	Unreal Engine 是目前市面上被广泛使用的游戏虚幻引擎，UE4 的 Marketplace 提供了大量的资源和插件，开发者可以购买和使用这些资源来加速开发流程。UE4 的蓝图系统使非程序员也能够参与游戏逻辑的开发，极大地扩展了开发者的人群。其在大规模游戏项目中具有强大的图形渲染和多人游戏开发支持，适用于 AAA 级游戏制作
	Unity 是目前市面上主流的游戏开发引擎，适用于移动游戏、虚拟现实（VR）、增强现实（AR）和 2D/3D 游戏开发。使用 C# 作为主要的编程语言，开发者可以利用 C# 丰富的库和社区支持来进行开发。以其易用性和快速迭代能力而著名，开发者可以快速构建原型并进行迭代开发。Unity 支持多平台发布，包括 PC、移动设备、主机和 Web 等

 想、查、悟

你在之前的课程中已经掌握 VR 动漫制作的哪些技术？还需要加强哪些内容的学习？

_____

_____

第二章

民族特色展厅场景模型制作

简介（微课）

项目介绍

　　在 VR 虚拟仿真广西特色民族展厅场景中，放置有民族传统的手工艺展品，分别是被第一批列入国家级非物质文化遗产名录的壮族铜鼓，还有同样被列为非物质文化遗产的民族银饰，两样民族手工艺品不单有精美的外表，更是中国古代悠久而灿烂文化的结晶，是中国先民智慧的象征，极具东方艺术的特色。本章将使用 3ds Max 软件根据传统手工艺展品的原型，制作出数字化三维模型，并设计与其主题相符的展厅场景模型，为后续人物模型放置、交互搭建打下基础。项目最终效果图如图 2-0-1 所示。

图 2-0-1　项目最终效果图

项目目标

素质目标

1. 形成自觉保护非遗文化的意识，树立数字非遗文化思维。

2. 传承古代工匠铸造铜鼓的"精通技术、力求精致、崇尚精美"的"三精"精神。

知识目标

1. 理解壮族铜鼓、民族银饰的造型特点，理解设计民族风格展厅的方法。

2. 掌握根据三视图分析铜鼓、银饰与展厅的三维造型。

3. 学会 3ds Max 软件建模工具使用方式。

能力目标

1. 能使用 3ds Max 软件根据参考图制作壮族铜鼓、民族银饰、民族展厅模型。

2. 能够正确渲染效果图，画面清晰。

3. 操作能够符合 VR 全景动漫师行业标准，设备使用合理。

任务一　铜鼓制作

一、任务前导

　　铜鼓是我国古代的一种具有特殊社会意义的铜器，它原是一种打击乐器，以后又转化为权力和财富的象征，被视为一种珍贵的重器或礼器，因此也成为被祭祀的对象。从春秋战国直至明清均有铜鼓，而以汉代制作最为精美，式样最多，鼓面多有青蛙、马、人物等立饰。

　　本次任务需要在深入了解铜鼓文化背景，仔细观察铜鼓样式的基础上，运用 3ds Max 软件中的多边形建模工具制作出铜鼓鼓身与铜鼓立饰，并使用 Photoshop（简称 PS）软件绘制出铜鼓特有的民族纹样，最终完成贴图。

铜鼓鼓身及纹样分析草图

铜鼓鼓身及纹样分析草图如图 2-1-1 所示。

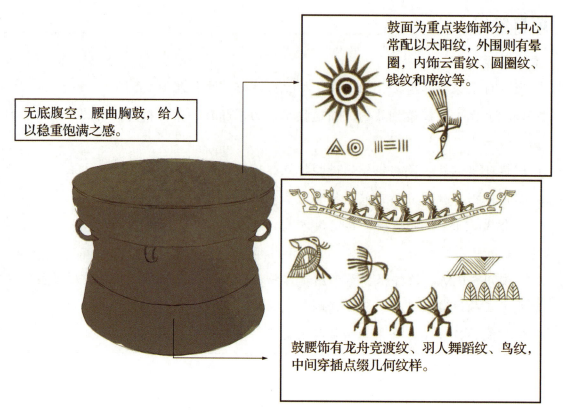

鼓面为重点装饰部分，中心常配以太阳纹，外围则有晕圈，内饰云雷纹、圆圈纹、钱纹和席纹等。

无底腹空，腰曲胸鼓，给人以稳重饱满之感。

鼓腰饰有龙舟竞渡纹、羽人舞蹈纹、鸟纹，中间穿插点缀几何纹样。

图 2-1-1　铜鼓鼓身及纹样分析草图

铜鼓青蛙立饰分析草图

铜鼓青蛙立饰分析草图如图 2-1-2 所示。

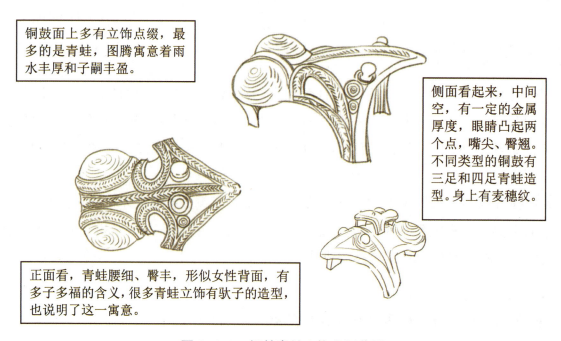

铜鼓面上多有立饰点缀，最多的是青蛙，图腾寓意着雨水丰厚和子嗣丰盈。

侧面看起来，中间空，有一定的金属厚度，眼睛凸起两个点，嘴尖、臀翘。不同类型的铜鼓有三足和四足青蛙造型。身上有麦穗纹。

正面看，青蛙腰细、臀丰，形似女性背面，有多子多福的含义，很多青蛙立饰有驮子的造型，也说明了这一寓意。

图 2-1-2　铜鼓青蛙立饰分析草图

想、查、悟

你最喜欢哪种类型的铜鼓？查找参考图，仔细观察它的外形、纹样、立饰，将它的特点写下来、画下来吧。

铜鼓制作思路

铜鼓制作思路如表 2-1-1 所示。

表 2-1-1　铜鼓制作思路

1. 收集想要还原的铜鼓参考图	2. 使用"车削"工具做出鼓身与鼓耳外形	3. 观察鼓面立饰造型，使用多边形建模制作青蛙模型	4. 使用 UV 展开，并用 PS 工具制作出连续图案	5. 在 PS 中画好贴图

任务最终效果图

铜鼓最终效果图如图 2-1-3 所示。

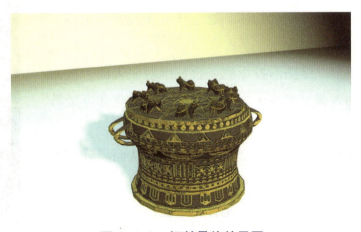

图 2-1-3　铜鼓最终效果图

二、任务知识储备

3ds Max 有哪些建模方式

内置几何体（见图2-1-4）是3ds Max软件建模的基础工具，多由参数控制，通过对参数的调整可以调整几何体形态。这种方法可以建立简单模型，也是构建复杂模型的基本形体。

图2-1-4　内置几何体

标准基本体

一般为长方体、球体、圆锥体等标准几何体，可以通过调整点、线、面的位置，变换物体的造型，是最基础的三维建模方法，如图2-1-5所示。

图2-1-5　标准基本体

复合对象建模

除了简单的模型，还可以通过两个及以上模型进行运算，创建更复杂的模型结构，如图2-1-6所示。

散布：将物体的多个副本散布到定义的区域内。

连接：由两个带有开放面的物体，通过开放面或者空洞将其连接后组成一个新的物体。

图形合并：将一个二维图形投影到一个三维对象表面，从而产生相交或者相减的效果。常用于文字镂空、花纹、立体浮雕等效果。

布尔：对两个以上的对象进行交并补集运算，从而得到新的对象形态。

放样：起源于古代造船技术，以龙骨为路径，在不同界面处放入木板，从而产生船体模型。

图2-1-6　复合对象建模

三、制作流程

制作铜鼓模型

制作（微课）

1.新建文件，命名为"铜鼓模型 .max"，单击"自定义"→"单位设置"，设置单位为"厘米"，如图 2-1-7 所示。在前视图创建一个长 28 cm、宽 32 cm 的平面，长宽分段都改为 1。打开材质编辑器，在"基本颜色和反射"设置中选择"位图"，将材质球拖动到平面上，如图 2-1-8 所示。

图 2-1-7　设置单位为厘米

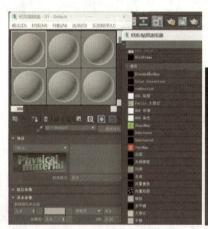

图 2-1-8　为平面附上参考图材质

2.使用"线"在前视图勾勒铜鼓侧面，如图 2-1-9 所示。

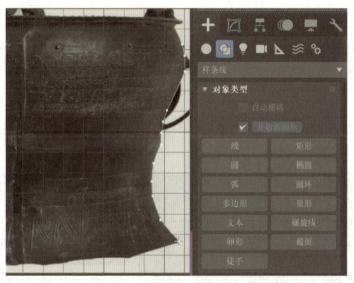

图 2-1-9　使用"线"在前视图勾勒铜鼓侧面

3.在"层次"中找到"调整轴"→"仅影响轴"，将轴心放在画面中心。在"修改器列表"中找到"车削"，"参数"中单击"反转法线"，得出图 2-1-10 所示的效果。右击将鼓体转化成可编辑多边形。

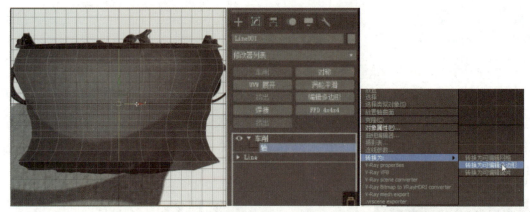

图 2-1-10　车削出铜鼓鼓身，并转化成可编辑多边形

4. 进入"边"　模式，双击选中鼓体上的环形边缘线，使用移动工具，按住 Shift 键向上移动复制。使用缩放工具，按住 Shift 键向外复制。再次使用移动工具，按住 Shift 键向上移动复制，如图 2-1-11 所示。进入"边"　模式，选中鼓边上的其中一条竖线，添加一条环行线　，使用缩放工具放大，得出图 2-1-12 所示的效果。

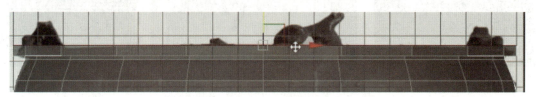

图 2-1-11　复制出多层铜鼓鼓沿

图 2-1-12　调整铜鼓鼓沿

5. 使用缩放工具，按住 Shift 键向内复制，再重复使用缩放工具复制 1 次，右击选择"塌陷"，如图 2-1-13 所示。

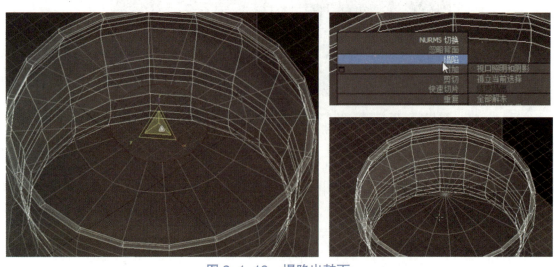

图 2-1-13　塌陷出鼓面

6. 创建线，绘制鼓耳轮廓。进入修改面板，打开"渲染"，同时勾选"在渲染中启用"和"在视口中启用"，选择"矩形"，修改长度为 1 cm、宽度为 0.5 cm，将鼓耳转化为"可编辑多边形"，如图 2-1-14 所示。

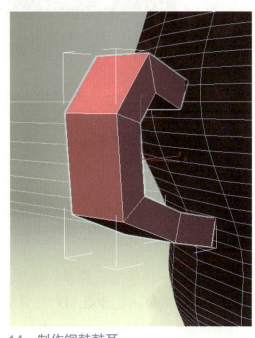

图 2-1-14　制作铜鼓鼓耳

7. 进入"多边形"  模式，删除鼓耳上靠近鼓身的上下两个面，进入"边" 模式，选中其中一条纵向边线，进入修改面板，单击"切角"，按住鼠标左键不放进行切角，如图 2-1-15 所示。进入"点" 模式，配合使用旋转工具和移动工具，对鼓耳侧面造型进行调整。使用旋转工具，在顶视图中将调整好的鼓耳放置在铜鼓两侧的位置上。

图 2-1-15　使用切角工具制作出鼓耳的圆角

8.调整鼓身上的布线，让分段尽可能地均匀，方便后续贴图不会出现拉伸异常，完成制作，最终效果如图 2-1-16 所示。

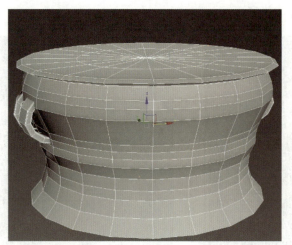

图 2-1-16   调整鼓身布线的最终效果

企业经验：对称物体可使用"镜像"复制或是 Shift+ 拖动的方式快速制作出来。本案例中的两侧鼓耳便可使用镜像复制的方式完成，但需要先将一个鼓耳的轴心挪动到鼓面中心，具体制作为：进入"层次"面板，单击"仅影响轴"，调整轴的位置到鼓的中心，调整后关闭"仅影响轴"，镜像出对侧的鼓耳，如图 2-1-17 所示。

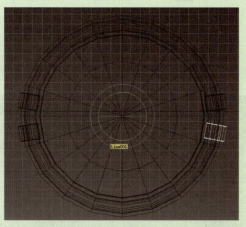

图 2-1-17   镜像出对侧的鼓耳

9.根据铜鼓青蛙分析草稿，我们发现青蛙立饰是对称造型的，所以只需先做其一半。在顶视图创建一个长度为 0.6 cm、宽度为 3.0 cm、高度为 4.0 cm 的长方体，右击将其转化为可编辑多边形。进入"边"模式，框选所有长边，使用"快速循环"，在长方体上添加三条竖向的循环边，如图 2-1-18 所示，并进入"点"模式，将其形状调整成如图 2-1-19 所示。

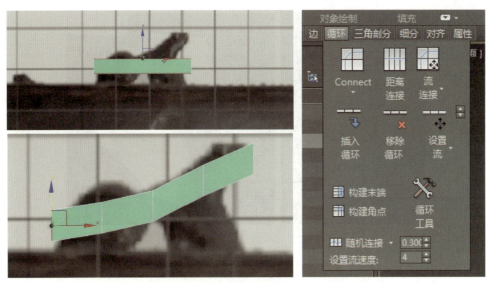

图 2-1-18　在长方体上添加三条循环边

图 2-1-19　调整出青蛙的大致形状

10. 在蛙身底面挤出前腿和后腿，每边各挤两次，每次都要向外移动一些，并缩小面的宽度，使之成为铁片的效果，如图 2-1-20 所示。

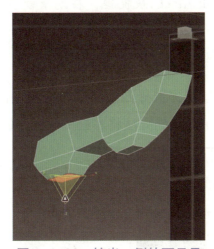

图 2-1-20　挤出一侧的两只足

11. 在顶视图，将青蛙头大、腰细、臀肥的造型做出来，如图 2-1-21 所示。在透视图中，微调各角度的造型。

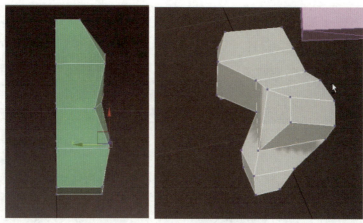

图 2-1-21　调整正面和顶面的造型

12. 在顶面和侧面各增加一条循环线，根据参考图进一步调整青蛙四面的造型，如图 2-1-22 所示。

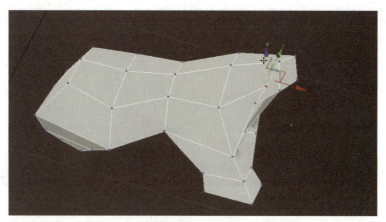

图 2-1-22　进一步根据参考图调整青蛙四面的造型

企业经验： 增加线段可用 Alt+C 快捷键，在复杂模型制作的过程中，这是非常实用的，但要注意布线规则，尽量添加出四边形，偶尔可出现三角形，不能出现五边以上的多边形，以免造成模型面的畸变和后续贴图问题。

13. 青蛙臀部位置增加循环线，选择四块面同时挤出两次，调整大小，做出饱满圆臀的造型，如图 2-1-23 所示。用同样的方法将青蛙头顶的眼睛挤出来，如图 2-1-24 所示。

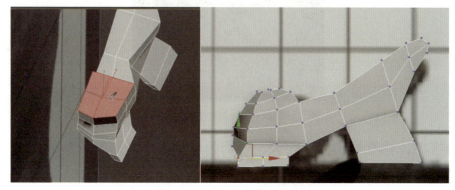

图 2-1-23　制作青蛙臀部

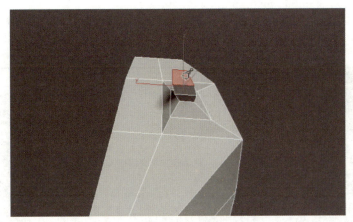

图 2-1-24　制作青蛙眼睛

14. 按照参考图，继续在前腿、腰部、头部位置增加布线，调整造型直至如图 2-1-25 所示。

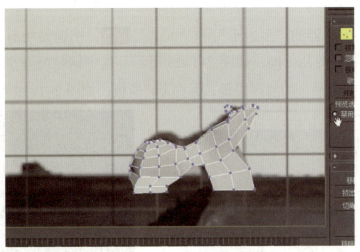

图 2-1-25　增加布线，最终将铜鼓青蛙的造型调整出来

制作 UV 展开和贴图

1. 选择铜鼓鼓身，在"修改器列表"中单击"UVW 展开"，打开 UV 编辑器，如图 2-1-26 所示。

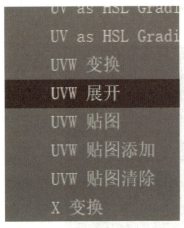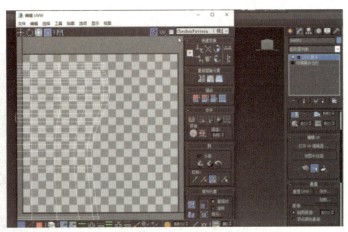

图 2-1-26　打开 UV 编辑器

2. 单击编辑器左下方"边" 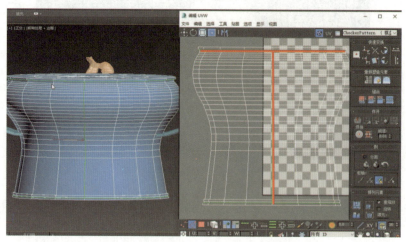，将铜鼓鼓面和鼓身断开，再选中鼓身中间线从中间"断开" ，如图 2-1-27 所示。

图 2-1-27　断开铜鼓鼓面和鼓身

3. 勾选左下角编辑器的"多边形"和"元素" ，把铜鼓所有的面都选中，单击"快速剥" 得到展开的几个面，如图 2-1-28 所示。选中铜鼓鼓身全部面，单击"拉直选定项" ，将鼓身展平，摆放好位置，保存 UV 模板，如图 2-1-29 所示。

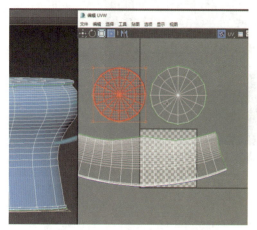

图 2-1-28　展开铜鼓的全部面

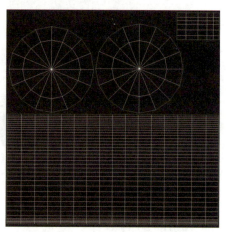

图 2-1-29　摆放在 UV 模板内

4. 选择青蛙立饰模型，按照相同的方法给它添加"UVW 展开"，按照青蛙底和面的思路划分，摆好位置，渲染出 UV 模板，如图 2-1-30 所示。

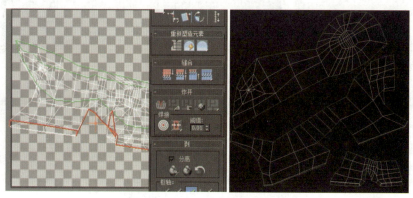

图 2-1-30　分割青蛙立饰

5. 根据铜鼓纹样分析草图和参考图，使用 PS 在展开模板上绘制纹样，注意摆放位置，如图 2-1-31 所示。认真分析铜鼓参考图上的纹样，绘制完贴图，如图 2-1-32 所示。

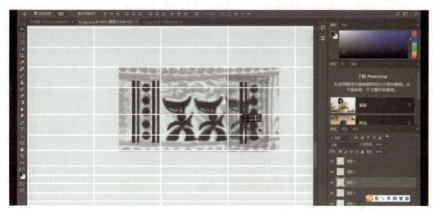

图 2-1-31

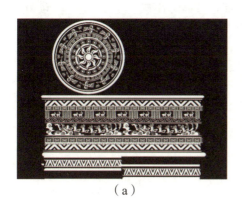

（a）

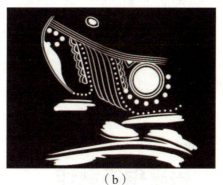

（b）

图 2-1-32　将铜鼓纹样绘制在展开模板相应位置上
（a）铜鼓鼓身贴图；（b）青蛙贴图

6. 打开材质编辑器 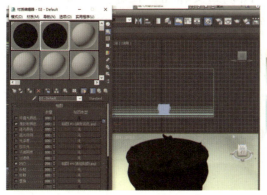，选择一个空的材质球，将画好的纹样贴图调整黑白模式放置在"凹凸"通道中，再按照铜鼓原本的颜色制作一张纯色贴图，放置在"漫反射颜色"通道中，最后渲染出最终铜鼓效果，如图 2-1-33 所示。

图 2-1-33　调整好材质球，得到最终效果

企业经验：正确划分 UV 需要仔细地对模型造型进行思考，越是复杂的模型就越考验三维制作者的耐心和细心，合理的划分将会对后续的贴图绘制起到关键性作用。

四、任务自评

任务一"铜鼓制作"自评表

评价名称	评价标准	自评
基础知识	完成"任务前导"和"想、查、悟"等模块的任务	全部完成□ 部分完成□ 没有完成□
产品质量	1. 铜鼓模型制作与参考图一致。 2. 铜鼓青蛙立饰与参考图一致。 3. 最终渲染图格式正确，画面清晰	完全一致□ 部分一致□ 完全不一致□
行业规范	1. 操作符合 VR 全景动漫师行业标准。 2. 计算机、数位板等设备使用合理，清洁工作台。 3. 任务保质保量，在规定时间内完成	符合要求□ 部分符合要求□ 不符合要求□

任务二　民族银饰制作

一、任务前导

　　银饰是很多少数民族盛装的一个重要组成部分，反映民族文化的进步和发展，银饰上的纹样来源于图腾崇拜，有丰富的内涵。少数民族妇女和儿童在盛大节日或庆典活动中，喜欢佩戴各种银饰，可分为头饰、颈饰、胸饰、手饰、盛装饰和童帽饰等，都是由壮族银匠精心做成，据说已有千年历史。银饰以其多样的品种、奇美的造型与精巧的工艺，不仅向人们呈现了一个瑰丽多彩的艺术世界，也展示出一个有着丰富内涵的精神世界。

　　本次任务将使用 3ds Max 软件中的曲面建模工具绘制出繁复精美的银片花，并用 Photoshop 软件还原精巧的民族浮雕贴图。

银饰及纹样分析草稿

　　银饰及纹样分析草稿如图 2-2-1 所示。

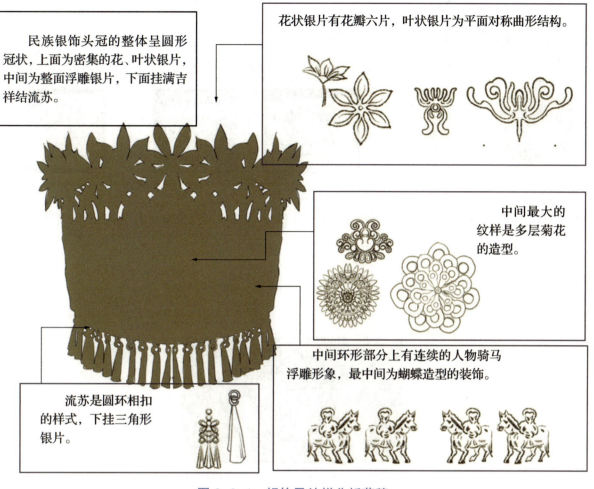

民族银饰头冠的整体呈圆形冠状,上面为密集的花、叶状银片,中间为整面浮雕银片,下面挂满吉祥结流苏。

花状银片有花瓣六片,叶状银片为平面对称曲形结构。

中间最大的纹样是多层菊花的造型。

中间环形部分上有连续的人物骑马浮雕形象,最中间为蝴蝶造型的装饰。

流苏是圆环相扣的样式,下挂三角形银片。

图 2-2-1　银饰及纹样分析草稿

想、查、悟

你最喜欢哪种类型的银饰?查找参考图,仔细观察它的外形、纹样、立饰,将它的特点写下来、画下来吧。

民族银饰制作思路

民族银饰制作思路如表 2-2-1 所示。

表 2-2-1   民族银饰制作思路

1. 制作银饰头冠圆柱形结构	2. 制作中间主体银饰纹样	3. 制作一个花纹样并复制剩下部分	4. 按照素材图摆放银片位置	5. 为圆柱头冠 UV 展开并在 PS 中绘制贴图，给其他花纹附材质

任务最终效果

民族银饰最终效果图如图 2-2-2 所示。

图 2-2-2   民族银饰最终效果图

二、任务知识储备

二维图形建模

二维图形是指一条或多条样条线组成的对象，它可以作为几何体直接渲染输出，也可以通过挤出、旋转、倾斜等编辑修改，将二维图形转化为三维图形，如图 2-2-3 所示。

样条线建模有极强的可塑性，一般用于制作复杂模型的外部形状或者不规则物体的截面轮廓，还可以直接创建出文字模型，如图 2-2-4 所示。

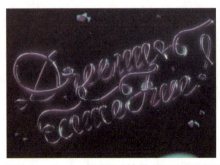

图 2-2-3   二维图形转化为三维图形

图 2-2-4   样条线建模

NURBS 建模

NURBS 为 3ds Max 中的高级建模方式，适合于创建光滑曲面，相对于面片建模，该建模方式受到的限制更少，也更易于控制，如图 2-2-5 所示。它使用数学函数来定义曲线和曲面，自动计算出表面精度。它可以用更少的控制点来表现出相同的曲线。

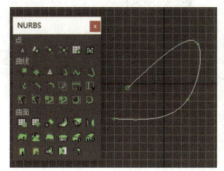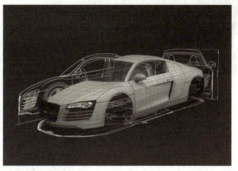

图 2-2-5　NURBS 建模

置换贴图建模

置换贴图严格意义上来说并不是一种建模方式，它并没有改变当前模型的物理形状，而是通过贴图方式改变渲染效果。例如，在渲染时给木板赋予一张黑白的雕花贴图，白色部分会向上凸起，黑色的则会向下，最终就会出现 3D 的效果，如图 2-2-6 所示。

图 2-2-6　置换贴图建模

三、制作流程

制作银饰模型

1. 新建文件，命名为"银饰模型 .max"。先制作银头冠中间部分，在前视图中放置"银饰轮廓草图"和"银饰纹样参考"两张参考图，如图 2-2-7 所示。

制作（微课）

图 2-2-7　在前视图中放置两张参考图

2. 在顶视图，创建"圆柱"，按照参考图摆放好位置，删除上、下两个面，转换成可编辑多边形，进入"边"，调整整体使其上大下小，如图 2-2-8 所示。选择所有竖边，单击"循环"→"连接"，加入两条环形边，将其调整成帽檐的形态，如图 2-2-9 所示。

 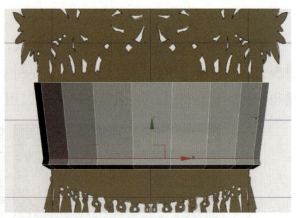

图 2-2-8　新建圆柱体，调整其整体形状　　　　图 2-2-9　加两条环形边，调整出帽檐形状

3. 接着制作银头冠中心的多层菊花造型。在前视图，参照草稿纹样创建"圆形"样条线，调整好花心大小后转换成可编辑多边形，使用三次"挤出"，每次挤出时注意缩放它的大小，并调整成有起伏的样子，如图 2-2-10 所示。

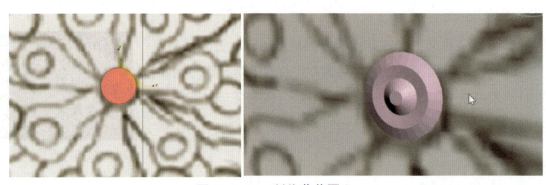

图 2-2-10　制作菊花圆心

4. 按 Shift 键复制出一个新的圆形，将其放大一些，拉出下方的边线，如图 2-2-11 所示。再次按 Shift 键拉出三段长度，每次拉出后都按照参考图调整宽度，使其如图 2-2-12 所示。

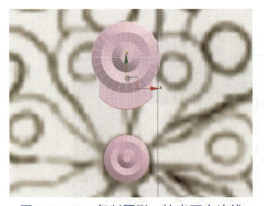 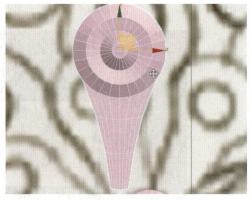

图 2-2-11　复制圆形，拉出下方边线　　　　图 2-2-12　拉出上大下小的花瓣形状

5. 将花瓣与花心对齐，选择花瓣三角形两侧的线条，拉出凸起，如图 2-2-13 所示。单击"轴"→"仅影响轴"，调整花瓣轴心到花心的中心，如图 2-2-14 所示。单击花瓣按住 E 键进入旋转模式，按 Shift 键旋转 45°，在弹出的复制对话框中，副本数填入"7"，做出第一层花瓣，如图 2-2-15 所示。

图 2-2-13　选择旁边线条，拉出凸起

图 2-2-14　改变花瓣轴心至下方

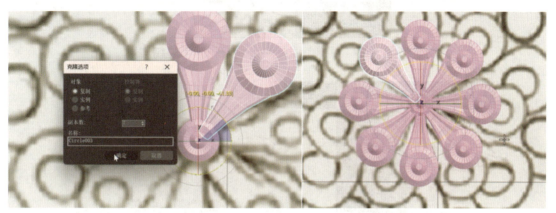

图 2-2-15　旋转复制出第一层花瓣

6. 在场景资源管理器中，将所有花瓣选中，单击"组"，将第一组花瓣再复制三次，把每一层花瓣放大旋转，注意在侧视图拉开每层的间隔，根据草图调整成如图 2-2-16 所示的效果。

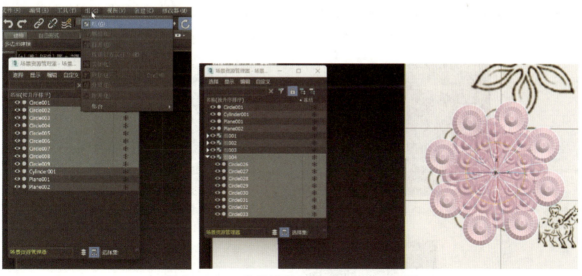

图 2-2-16　分组后复制放大出第二层花瓣

企业经验：当复制出多个物体时，资源管理器将会出现大量的条目，给后期找物品带来麻烦，所以及时分组就变成了必要的步骤。当组比较多时，正确合理地命名能使建模工作事半功倍。

7.接下来制作银饰上的六瓣花，新建"样条线"，根据草图沿着花绘制出它一半的轮廓，如图 2-2-17 所示。将闭合一半的花轮廓转换成可编辑多边形，调整轴心至中间，"镜像"出另一边的花瓣，如图 2-2-18 所示。

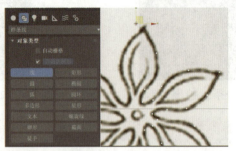

图 2-2-17　用样条线绘制出六瓣花一半的结构

图 2-2-18　镜像复制出另外一半

8.单击"附加"将另一半的花瓣附加在一起，将上、下顶点的两个点"焊接"在一起，如图 2-2-19 所示。选中中间的线条，单击"移除"，将它们合成一个整体，如图 2-2-20 所示。

图 2-2-19　附加另一半后，将上下顶点"焊接"起来

图 2-2-20　移除中间线条

9. 选择面，运用三次"挤出"，依次将花缩放拉成如图 2-2-21 所示的效果。

图 2-2-21　挤出花的立体效果

10. 将顶部的花放置在银头冠相应的位置，将花的轴心放到头冠中间，单击"工具"→"阵列"，调整数量为 16，总计 Z 方向为 360°，对象类型为复制，如图 2-2-22 所示。将六瓣花的位置上下错开，如图 2-2-23 所示。

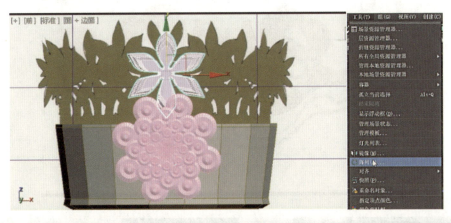

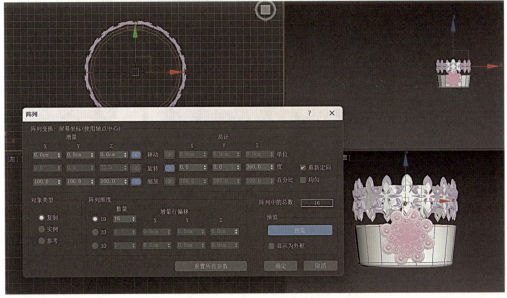

图 2-2-22　绕着头冠阵列出 16 朵花

图 2-2-23   将六瓣花的位置上下错开

11. 用上述同样的方法制作另外一朵银片花，将它放到银头冠相应的位置，轴心放到头冠中间，单击"工具"→"阵列"，对象类型为复制，调整数量为6，增量中Z方向为62°，如图 2-2-24 所示，将两种花分别打包成组。

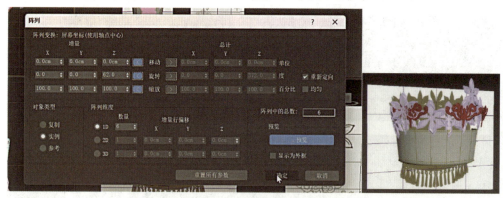

图 2-2-24   制作银片花

企业经验：在很多建模项目中，我们需要复制出很多有规律的相同物体，一个个地摆放会浪费大量时间，所以灵活地使用"阵列"工具，能够快速地完成原本机械且重复的工作，是建模任务中常用的工具之一。

12. 最后制作银头冠下面的流苏。创建"圆"样条线，修改渲染设置，在"在渲染中启用""在视口中启用"上打钩，径向厚度为6.0 cm，边为6，如图2-2-25所示。复制一个圆环，调整方向和位置，效果如图2-2-26所示。

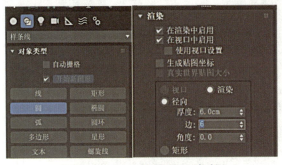

图2-2-25 设置圆环参数

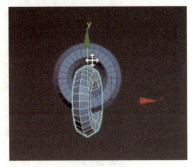

图2-2-26 复制并旋转另一个圆环

13. 新建"圆锥体"，参数如图2-2-27所示。复制出一个圆锥，微调位置后摆放在圆环下方。按照之前的方法，设置"阵列"，数量为26，总计Z方向为360°，将流苏在帽檐下"阵列"一圈，如图2-2-28所示。

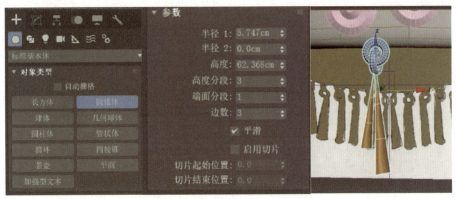

图2-2-27 用圆锥形制作流苏

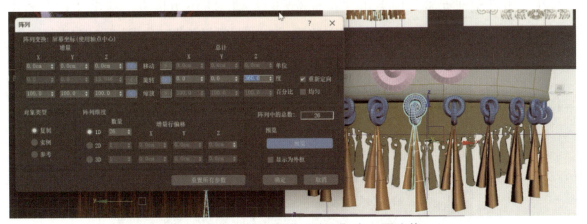

图2-2-28 围绕帽檐"阵列"出一圈流苏

制作银饰材质

1. 将银头冠帽桶与配饰分别分组，在"材质编辑器"中创建两个材质球，分别将配饰和银头冠帽桶预设为"喷砂银"和"缎面银"，如图2-2-29所示。

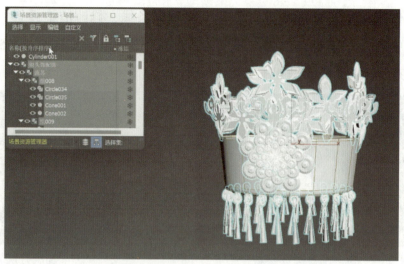

图 2-2-29　将帽桶与配饰分别分组，创建不同材质球

2.选择帽桶，在"修改器列表"中找到"UVW 展开"→"打开 UV 编辑器"，在银头饰正后方，选择完整一条竖线，单击"炸开" 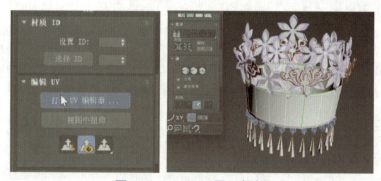，线变成绿色后，单击"自动剥" ，如图 2-2-30 所示。

图 2-2-30　UV 展开帽桶

3.在"重新塑造元素"中单击"拉直选定项" ，将银边拉直，单击"自由形式模式" ，注意查看展开面是否颠倒，将它按显示大小调整好位置，如图 2-2-31 所示。

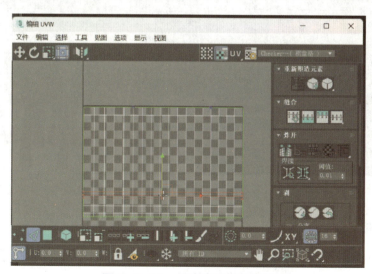

图 2-2-31　调整帽桶展开图

4. 单击"工具"→"渲染 UVW 模板",单击"渲染 UVW 模板",保存成 PNG 格式,如图 2-2-32 所示。

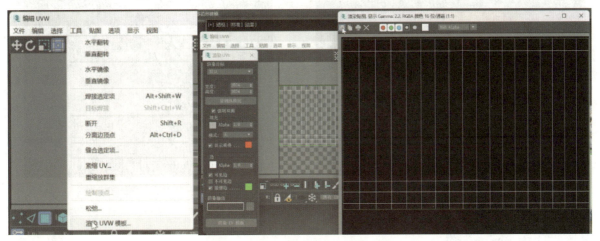

图 2-2-32　渲染帽桶 UV 模板

5. 在 PS 中将银边上的纹样按照 UV 模板摆放好位置,关闭最上层的网格,并保存银饰 UV PSD 文件,如图 2-2-33 所示。

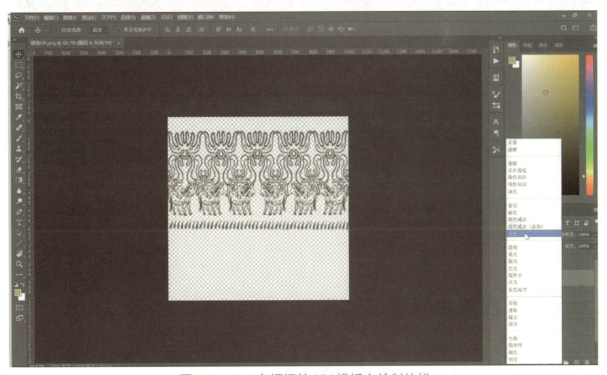

图 2-2-33　在帽桶的 UV 模板上绘制纹样

6. 在"材质编辑器"中,选择"喷砂银"材质球,"凹凸贴图"→"位图"→"银饰 UV.psd",如图 2-2-34 所示。渲染得到最终效果,如图 2-2-35 所示。

图 2-2-34　在帽桶材质球上贴凹凸贴图

图 2-2-35　渲染效果

四、任务自评

任务二"民族银饰制作"自评表

评价名称	评价标准	自评
基础知识	完成"任务前导"和"想、查、悟"等模块的任务	全部完成□ 部分完成□ 没有完成□
产品质量	1.能够根据参考图理解民族银饰的造型特点。 2.制作的民族银饰模型与参考图一致。 3.最终渲染图格式正确，画面清晰	完全一致□ 部分一致□ 完全不一致□
行业规范	1.操作符合 VR 全景动漫师行业标准。 2.计算机、数位板等设备使用合理，清洁工作台。 3.任务保质保量，在规定时间内完成	符合要求□ 部分符合要求□ 不符合要求□

任务三　民族主题展厅制作

一、任务前导

　　壮族是中国少数民族中人口最多的一个民族，壮族的先民属古代百越族群，与西瓯、骆越有血缘递承关系。壮民族拥有自己悠久的历史，孕育出来丰富的图形和纹样，壮族先人将自然界中的一些形象进行了高度的抽象概括，夸张变形，强调神似重于形似，写意重于写形。常见于壮族壮锦中的图案，如方格纹、水波纹、云纹、回字纹、双喜纹、编织纹、同心圆纹、寿字纹以及各种花草和动物图像。壮族铜鼓中的纹样有太阳纹、翔鹭纹、划船纹和羽人舞蹈纹等。

　　本任务将运用以上壮族特色元素，参考广西民族博物馆铜鼓展厅室内装潢，综合运用 3ds Max 软件制作出具有民族特色的铜鼓展厅。

展厅室内设计分析草稿

展厅室内设计分析草稿如图 2-3-1 所示。

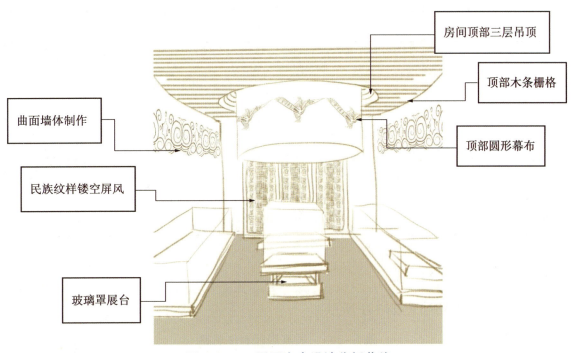

图 2-3-1　展厅室内设计分析草稿

壮族元素分析草图

壮族元素分析草图如图 2-3-2 所示。

图 2-3-2　壮族元素分析草图

 想、查、悟

你想设计怎样的民族展厅呢？选定一个民族，收集他们的民族元素吧，仔细观察纹样图案，将它们的特点写下来、画下来吧。

_____

_____

民族展厅制作思路

民族展厅制作思路如表 2-3-1 所示。

表 2-3-1　民族展厅制作思路

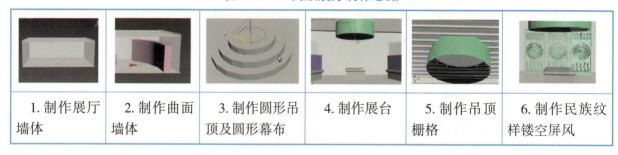

| 1. 制作展厅墙体 | 2. 制作曲面墙体 | 3. 制作圆形吊顶及圆形幕布 | 4. 制作展台 | 5. 制作吊顶栅格 | 6. 制作民族纹样镂空屏风 |

任务最终效果

民族展厅最终效果图如图 2-3-3 所示。

图 2-3-3　民族展厅最终效果图

二、任务知识储备

了解三维动漫场景设计的基本知识

（1）拆分与组合：多个几何体的组合或拆分，形成了室内场景建模的基本思路。在建模时，应对对象进行结构分析，将其拆分成多个简单的单体，然后分别创建各个单体，最后将所有单体组合起来，如图2-3-4、图2-3-5所示。

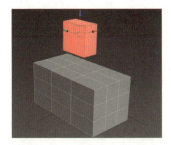
图2-3-4 多边形的拆分

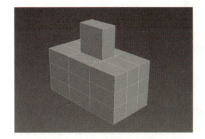
图2-3-5 多边形的组合

（2）灯光设置：在室内设计中，灯光的选择和布置至关重要。3ds Max提供了多种灯光类型，如点光源、平行光源等，用户可以根据场景需求进行选择和调整，如图2-3-6、图2-3-7所示。

图2-3-6 不同类型的灯光

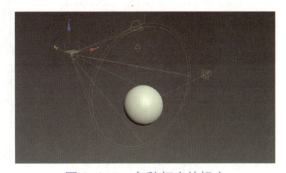
图2-3-7 各种灯光的标志

（3）摄影机角度：通过调整摄影机的位置和角度，可以获得不同的视图和透视效果，从而更好地展示场景设计方案，如图2-3-8、图2-3-9所示。

图2-3-8 摄像机类型

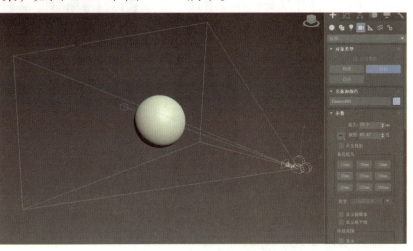
图2-3-9 摄像机的各种参数

（4）渲染设置：在 3ds Max 中，可以通过调整渲染参数来获得不同的渲染效果，如渲染质量、光线追踪等，如表 2-3-2 所示。

表 2-3-2　渲染设置

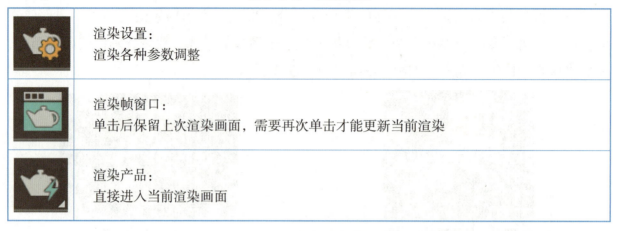

图标	说明
	渲染设置： 渲染各种参数调整
	渲染帧窗口： 单击后保留上次渲染画面，需要再次单击才能更新当前渲染
	渲染产品： 直接进入当前渲染画面

3ds Max 渲染设置关键步骤：

1. 打开 3ds Max 与渲染界面

启动 3ds Max 软件，并打开你想要渲染的场景。可以通过顶部菜单栏的"渲染"选项，或者直接单击渲染设置面板来进入"渲染设置"对话框，如图 2-3-10 所示。

2. 选择合适的渲染器

在"渲染设置"对话框的"指定渲染器"卷展栏中，你可以从下拉菜单中选择一个渲染器。3ds Max 自带了"扫描线渲染器"，如图 2-3-11 所示，也可以安装和使用其他高级渲染器如 Arnold 或 V-Ray。

图 2-3-10　"渲染设置"对话框

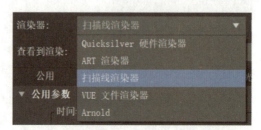

图 2-3-11　选择渲染器

3. 调整渲染尺寸与输出

在"渲染输出"选项卡，设置输出图像的尺寸（宽度和高度）、分辨率以及保存路径。根据项目需求，选择合适的图像纵横比，如图 2-3-12 所示。

图 2-3-12　调整渲染尺寸与输出

4. 设定渲染质量与效果

抗锯齿与过滤器：为了减少图像中的锯齿效应，可以在渲染设置中选择合适的抗锯齿方法和过滤器类型。

全局照明：为了模拟真实的光线反弹效果，可以启用全局照明选项，并调整相关参数以达到理想的光照效果。

5. 光线追踪与阴影

启用光线追踪以模拟真实的光线折射和反射效果。调整阴影参数，如阴影颜色、密度和模糊度，以增强场景的三维感和真实感。

6. 输出与后期处理

完成渲染后，可以将图像输出为常见的图像格式，如 JPEG、PNG 等。此外，还可以使用图像处理软件进行后期处理，如调整色彩、对比度等。

三、制作流程

制作展厅墙体

1. 新建文件，命名为"民族展厅制作 .max"，"自定义"→"单位设置"，将单位设置成"厘米"，如图 2-3-13 所示。

2. 在顶视图中新建平面，多复制 1 个，分别作为展厅的顶部和地面，其中长度为 320，宽度为 420。前视图新建另一个平面，复制两个，作为左、右、后墙面，高度为 160，宽度为 320。选择全部墙体，右击"冻结当前选择"，如图 2-3-14 所示。

制作（微课）

图 2-3-13　设置单位

图 2-3-14　搭建展厅顶部、墙体及地面

3. 制作曲面墙，在顶视图新建一个长方体，参数：长约为 574，宽约为 106，高约为 241，长度分段为 3。转换为可编辑多边形，进入点模式，调整点的位置，使其弯曲，移动曲面墙中心点至展厅中间，镜像复制出另一面的曲面墙，如图 2-3-15 所示。

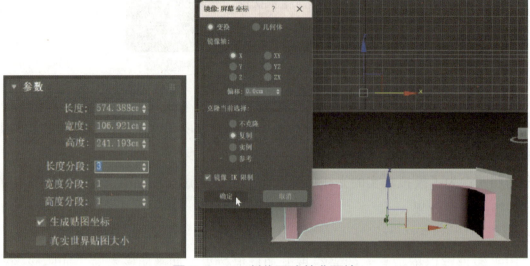

图 2-3-15　制作两边的曲面墙

4. 新建一个圆柱体，半径为 140，高度为 170。将圆柱穿过天花板放置在中间。选中天花板平面，新建"复合对象"→"布尔"，在布尔对象中单击"添加运算对象"，选择圆柱体，下拉菜单栏找到"运算对象参数"，选择"差集"，制作出天花板圆形的镂空，如图 2-3-16 所示。

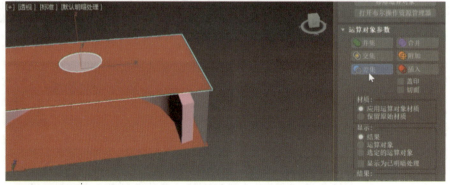

图 2-3-16　使用"布尔"制作出天花板圆形的镂空

企业经验： 布尔运算在创建不规则形状时经常使用。运算的逻辑为选中的物品（A）与后添加的物品（B），是A-B的关系，一定要注意前后选择的顺序。当然，布尔还能实现"并集""交集""合并""差集"等组合效果，具体在创建不同形状时可以多尝试一下，如图2-3-17所示。

图2-3-17

5. 全选圆形边界，按住 Shift 键，复制拉出三个层级，缩放成逐渐缩小的样式，最后封口，如图2-3-18所示。

图2-3-18　制作天花板上的三层吊顶

制作展厅其他摆件

6. 新建长方体制作展示台玻璃罩，转换成可编辑多边形，删除底面。再建一个大一些的长方体做展示台，转换成可编辑多边形，选择底面，按住 Shift 键，缩小复制一个面，再次复制拉出桌脚，如图2-3-19所示。

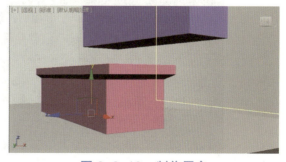

图2-3-19　制作展台

7. 将玻璃罩与展示台对齐摆放在展厅合适的位置，全选调整中心点至展厅中央，"镜像"出对面的展示台。将其中一个展示台选中，复制一个新的展示台，调整桌面将其缩放成正方形，摆放在展厅中央，如图 2-3-20 所示。

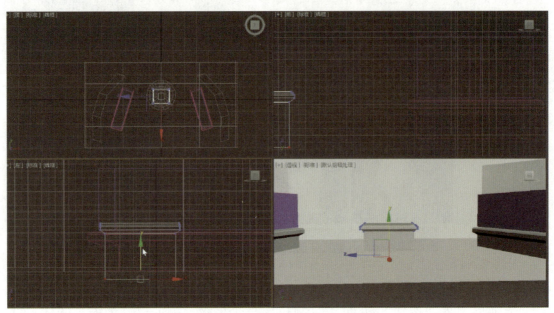

图 2-3-20　摆放好三个展台的位置

8. 根据天花板吊顶大小新建一个圆柱形，转换成可编辑多边形，删除上下两个封盖。摆放好位置作为圆形投影幕布，如图 2-3-21 所示。

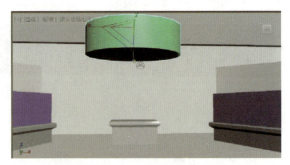

图 2-3-21　制作吊顶圆形幕布

9. 新建长方体制作吊顶栅格，参数：长度为 8，宽度为 8，高度为 68。将其转换成可编辑多边形，按住 Shift 键，拉出适当间隔，副本数为 15。单击其中一根长条，单击"附加"，将全部木条附加在一起，将它放置在天花板下方，如图 2-3-22 所示。

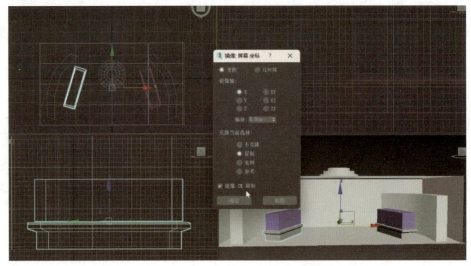

图 2-3-22　制作天花板上的栅格

10. 按照圆形幕布的大小新建一个圆柱形。选择栅格，加入"布尔运算"，添加运算对象为圆柱体，运算对象参数为"差集"，将栅格中间的空抠出来，如图 2-3-23 所示。

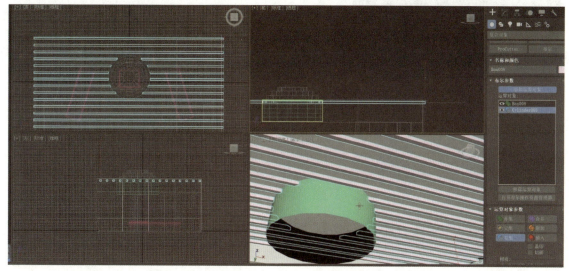

图 2-3-23　使用"布尔"抠出栅格中的圆形吊顶

11. 在 PS 中打开"屏风 .psd"文件，按住 Ctrl 键单击图层缩略图，将所有线条载入选区。进入路径工具，单击"将选区转化成路径"，微调好路径后，单击"文件"→"导出"→"路径到 Illustrator…"，保存成"屏风 .ai"文件，如图 2-3-24 所示。

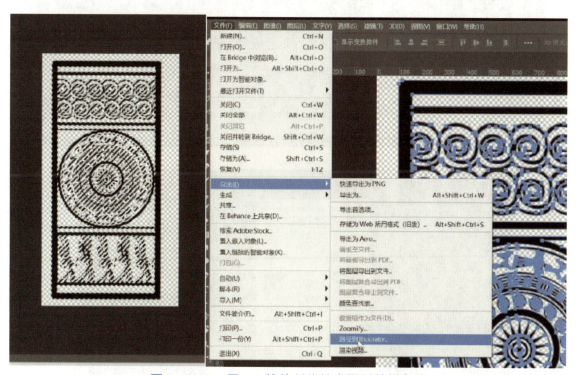

图 2-3-24　用 PS 软件制作镂空屏风的样条线

12. 在 3ds Max 2022 中，单击"文件"→"导入"，将路径文件"合并对象到当前场景"，图形导入为"单个对象"，如图 2-3-25 所示。

图 2-3-25　导入屏风样条线

13.选中导入的样条线，添加修改器"挤出"，数量为 0.5，分段为 1，制作出镂空屏风，如图 2-3-26 所示。

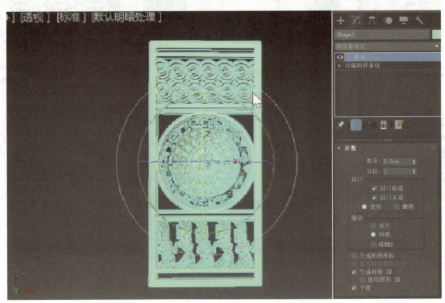

图 2-3-26　使用样条线挤出屏风

14. 将屏风摆放在中央展台后方，复制出三个，如图 2-3-27 所示。最终效果图如图 2-3-28 所示。

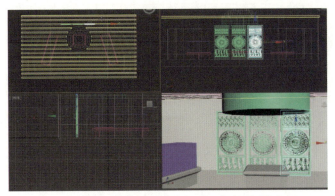

图 2-3-27　复制三个屏风摆放在展台后方

图 2-3-28　展厅最终效果图

四、任务自评

任务三　"民族主题展厅制作"自评表

评价名称	评价标准	自评
基础知识	完成"任务前导"和"想、查、悟"等模块的任务	全部完成☐ 部分完成☐ 没有完成☐
产品质量	1. 能够根据参考图理解民族展厅的内部结构特点。 2. 制作出的民族展厅模型与参考图一致。 3. 最终渲染图格式正确，画面清晰	完全一致☐ 部分一致☐ 完全不一致☐
行业规范	1. 操作符合 VR 全景动漫师行业标准。 2. 计算机、数位板等设备使用合理，清洁工作台。 3. 任务保质保量，在规定时间内完成	符合要求☐ 部分符合要求☐ 不符合要求☐

岗课赛证拓展

1+X "游戏美术设计"模拟题

单选题

1. 要使贴图产生凹凸效果应使用哪种贴图方式？（ 　　）

A. 不透明度　　　　　B. 反射　　　　　　C. 凹凸　　　　　　D. 漫反射

2. 在 3d Max 软件中，保存文件时 Save/Save As 命令可以保存的文件类型是（ 　　）。

A. 文件名 .max　　　B. 文件名 .fbx　　　C. 文件名 .obj　　　D. 文件名 .3dmax

3. 3ds Max 对视图进行显示操作的按钮区域是（ 　　）。

A. 视图导航　　　　　B. 命令面板　　　　C. 工具栏　　　　　D. 视图

4. 二维线条默认情况下是不能渲染的，想渲染必须勾选什么命令？（ 　　）

A. 边　　　　　　　　B. 生成贴图坐标　　C. 渲染器　　　　　D. 可渲染

5. 进行角色设定时，2D 游戏与 3D 游戏的人设图最大区别是（ 　　）。

A. 没有区别　　　　　　　　　　　　　　B. 3D 游戏必须有非常详细的三视图

C. 2D 游戏必须有非常详细的三视图　　　D. 3D 游戏不需要三视图

6. 布尔运算中实现合并的选项是（ 　　）。

A. union　　　　　　　B. subtraction　　　C. cut　　　　　　　D. intersection

实操题

练习 1：制作场景道具"琵琶"3D 模型及贴图。

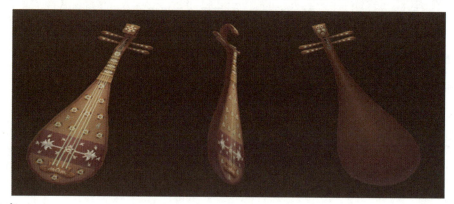

制作要求：

（1）根据模型三视图制作复刻同样的"琵琶"3D 模型及贴图。

（2）贴图大小：512×512 一张。

（3）模型面数控制在 540 三角面以内。

（4）体积明确、贴图干净，色彩丰富，还原度高。

练习 2：制作场景道具"配饰"3D 模型及贴图。

制作要求：

（1）根据模型三视图制作复刻同样的"卷轴"3D 模型及贴图。

（2）贴图大小：512×512 一张。

（3）模型面数控制在 300 三角面以内。

（4）体积明确，材质表达明确，还原度高。

全国技能大赛"数字艺术设计"赛题

模块一 数字创意绘画

（一）参考草图

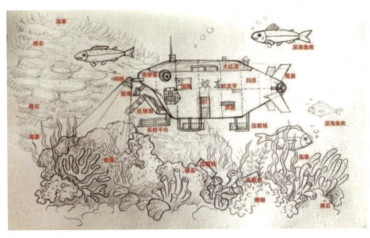

（二）任务描述

（1）背景介绍：草图表现了"蛟龙号"潜入海底采集地质样品的情景：为了完成深海科考作业，"蛟龙号"潜入深海，将潜水器停放在平稳地带，放出机械手，采集好几种地质样品，然后放置在舱底的采样平台上。

（2）技术要求：数字绘画要求考生以参考草图为蓝本，应用提供的数字软件绘制 1 张能够表达此主题的完整插画。要求整体构图完整、线条清晰、色彩调和、细节深入、画面美观，能够表达出深海这一场景，能够突出"蛟龙号"这一工作形象。

（3）创意要求：数字绘画要表现出"蛟龙号"正在采集地质样品的状态。考生可以根据创意需求重新构图，在不改变主体形象的基础上，增减画面中的场景要素，重新安排空间层次布局、自行设计光影和明暗层次等。画面有一定的创意性、合理性和美观性。

（三）提交文件类型

（1）提交源文件，删除无关图层，保持图层分类清晰。

（2）提交输出文件JPG图片，图片尺寸的长度或宽度不低于2480px，分辨率为300dpi。

（3）提交文件夹内包含源文件、JPG图片文件。

模块二 数字模型设计

（一）任务描述

根据所提供的原图，分析其造型特征，使用3ds Max或Maya软件进行建模、分UV、贴图制作。具体要求：

（1）造型特征符合原图特征。

（2）布线均匀合理。

（3）拆分UV，规范利用UV空间。

（4）精简面数，控制在5000个面（多边面）以内。

（5）贴图体现原画造型特征。

（6）各个流程操作规范。

（二）提交文件类型

（1）Fbx源文件带贴图（模型能看到赋予的贴图效果）。

（2）不同角度3张透视图截图（展现结构造型为目的）。

（3）UV图。

（4）绘制的贴图（尺寸：1024×1024）。

本章小结

通过本项目的学习，可以让读者基本理解铜鼓、民族银饰的造型特点，了解设计民族风格展厅的方法。本项目带领读者练习了围绕"民族"这个主题收集元素、绘制设计草图的工作流程，根据草图使用3ds Max、PS等软件制作出铜鼓、银饰与展厅的三维模型。制作的过程中使读者潜移默化地形成自觉保护非遗文化的意识，树立非遗文化数字化思维，养成良好的职业习惯。

第三章

民族 IP 角色——沃柑宝宝模型制作

项目介绍

简介（微课）

　　在搭建好的 VR 虚拟场景中，我们需要制作一个代表民族特色的 IP 角色，让它来为参观者进行展馆中展品的引导与介绍。本项目将根据民族特色 IP 形象三视图，完成对 IP 模型的素体、服饰的制作，然后学会对模型进行 UV 展开并绘制全身贴图，最终完成民族吉祥物——沃柑宝宝 IP 模型的制作，为后续搭建骨骼、制作动画做好准备。

项目目标

素质目标

1. 形成自觉保护非遗文化的意识，树立数字非遗文化思维。

2. 培养学生独立学习能力，培养综合运用的能力

3. 培养学生思考问题、发现问题、解决问题的能力。

知识目标

1. 理解民族 IP 人物造型特点。

2. 掌握综合运用多边形基本体进行建模的方法。

3. 综合运用多边形建模制作具有民族特色的服装。

能力目标

1. 能够根据三视图完成 IP 人物的建模。

2. 能够为 IP 人物制作民族特色服饰。

3. 能够完成全部模型的 UV 展开并绘制贴图。

任务一　IP 角色素体制作

一、任务前导

　　党的二十大擘画了以中国式现代化全面推进中华民族伟大复兴的宏伟蓝图。全面建设社会主义现代化国家，最艰巨最繁重的任务仍然在农村。全党全社会全面推进乡村振兴，加快农业农村现代化。由于贫困边远的少数民族农产品生产易高度同质化，没有合理的外部视觉表达，在琳琅满目的激烈竞争中没有竞争力，因此容易发生滞销的情况。所谓"人靠衣装马靠鞍"，为少数民族地区的农村特色产品设计具有标识度的动漫 IP 形象便非常必要了。

　　本次任务将为民族特色展厅设计一个兼具地方特色农产品元素和民族元素的 IP 动漫角色，让它成为展厅的解说向导。我们将使用 3ds Max 软件，按照设计草图，完成 IP 角色——沃柑宝宝的素体模型制作。

沃柑宝宝 IP 形象分析草稿

　　IP 形象要凸显它的呆萌可爱，才能让各年龄阶段的人群接受和喜爱。我们可以通过 Q 版造型的理念去设计。一般 Q 版人物是 2~3 头身。Q 版人物脸要圆润、无棱角，根据脸部大小将眼睛画大，五官整体位置偏低。画 2 头身时，脖子细而短，整体圆嘟嘟的，四肢也是胖胖圆圆的，手和脚可以简化不画，也可以根据真实的手、脚画成短小的形态，如图 3-1-1 所示。

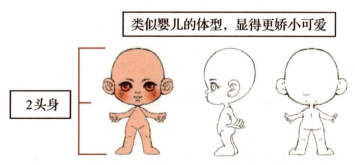

图 3-1-1　沃柑宝宝 IP 形象分析草图

什么是 IP

　　IP 是 Intellectual Property（知识产权）的缩写，它可以把一个故事，一种理念和多种元素融汇在动漫 Q 版造型中，从而引起消费者的共鸣，加深对商品或活动的印象，以此来提升企业的知名度、拉动经济。当下越来越多的企业和地方开始注重打造自己的 IP 形象。

　　一般商品的特征或活动的主旨都是通过 IP 角色的基础造型、发型、服装、配饰来融入的，在设计之初就要有意识地搜集相关元素，合理地添加和糅合，才能设计出与大众共鸣、强化品牌识别、活化品牌视觉体系的 IP 形象。

想、查、悟

　　仔细观察沃柑的形象特点，写出想要融入的元素，并根据自己的绘画风格为沃柑宝宝设计一个 Q 版素体形象。

_____

_____

沃柑宝宝 IP 形象制作流程

沃柑宝宝 IP 形象制作流程如表 3-1-1 所示。

表 3-1-1　沃柑宝宝 IP 形象制作流程

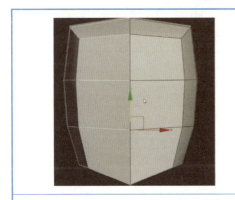		
1. 头部大形制作	2. 身体大形制作	3. 头部五官及身体细节制作

任务最后效果

IP 角色素体最后效果如图 3-1-2 所示。

图 3-1-2　IP 角色素体最后效果

二、任务知识储备

3ds Max 制作 IP 人物模型会用到哪些工具

1. 挤出工具的使用方法

在使用 3ds Max 建模时，经常需要进行挤出操作。在顶点、边、面层级下，按下"挤出"按钮可出现以下挤出效果，如图 3-1-3 所示。

当我们需要进行更精确的设置时，单击挤出设置 挤出 。挤出工具使用如表 3-1-2 所示。

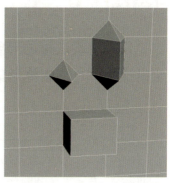

图 3-1-3　挤出效果

表 3-1-2　挤出工具使用

	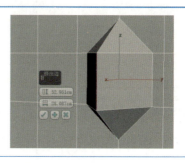
在顶点层级，挤出可调整的设置： 1. 挤出正向或负向的高度 2. 挤出棱锥宽度大小	在边层级，挤出可调整设置： 1. 挤出正向或负向的高度 2. 挤出底面菱形宽度
 面层级下的挤出分为组、局部法线和按多边形三种方式	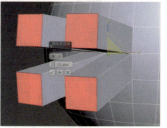 按照"多边形"挤出，每个选中面是独立挤出的，方向按照弯曲的面四散开来
	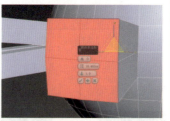 如果改为"局部法线"，相连的多边形挤出面是连在一起的，但是每个顶点都沿着法线前进，挤出的形会被放大
	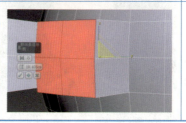 如果选择"组"，相邻多边形会成一个小组，挤出大小不变，沿着共同的法线平均值挤出

2. 创建点、边、多边形的方法

制作人物模型的过程中，我们要给模型添加一些点和边，或是多边形面，使它能变形成我们需要的造型。

想要添加顶点、边、多边形，首先，打开石墨工具栏面板（见图3-1-4），创建菜单在建模选项卡中的几何体面板中。创建点、边、多边形的方法如表3-1-3所示。

图 3-1-4　石墨工具栏面板

表 3-1-3　创建点、边、多边形的方法

	只需要在"点"层级单击"创建"便可创建点。 注意：单击 3D 吸附工具 3^2 比较容易将点建在不规则模型上，或是在"工具"→"栅格和捕捉"→"栅格和捕捉设置"中选择捕捉的边或面，便可以沿边或面创建点
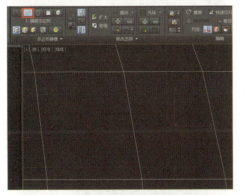	创建边时，只要切换到"边"层级，依次单击两个顶点，就可以在它们中间形成一条线。 注意：不在一个平面上的物体最好使用上面的方法准确吸附点，才能较好地创建边
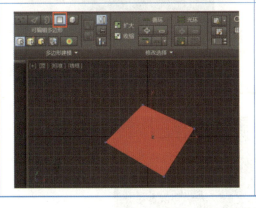	创建多边形时，需要切换到"元素"层级，按下"创建"按钮，单击四个点，可创建多边形

另外，我们在已经创建的模型中，也经常使用"快速循环"工具，添加循环边。我们也可以用使用快捷键 Alt+C，直接"剪切"出新的边，如图3-1-5所示。

图 3-1-5   添加循环边及"剪切"出新的边

3.删除点、边、多边形的方法

建模过程中总有需要删除点、边、多边形的情况。一般删除点和边时，选中点或边，单击"移除"即可。（但当移除边时，需要按住 Ctrl 键，不然会在原边相接的边上留下两个端点）。多边形的删除只需要选中面后，按 Delete 键就可以删除了，如图 3-1-6 所示。

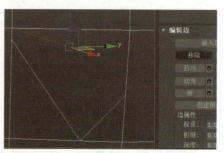

图 3-1-6   删除点、边、多边形

4.连接点、边的方法

连接点、边的方法如表 3-1-4 所示。

表 3-1-4   连接点、边的方法

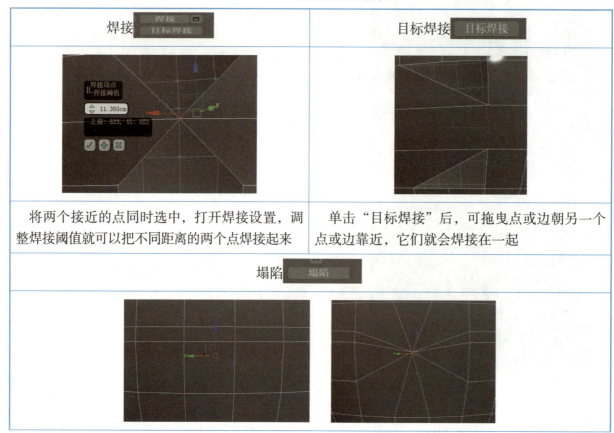

焊接	目标焊接
将两个接近的点同时选中，打开焊接设置，调整焊接阈值就可以把不同距离的两个点焊接起来	单击"目标焊接"后，可拖曳点或边朝另一个点或边靠近，它们就会焊接在一起
塌陷	

续表

选中想要合在一起的点，单击"塌陷"工具

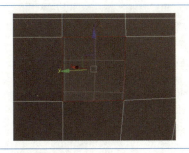

选中多边形的全部线段或是多边形的面，单击"塌陷"工具，也可以将它们塌陷到一个点

三、制作流程

人物整体制作

制作（微课）

1. 创建一个立方体，按 M 键打开材质编辑器，赋予该立方体一个白色材质，再按 R 键将立方体拉成人头大小，如图 3-1-7 所示。右击，将长方体转换成可编辑多边形，如图 3-1-8 所示。

图 3-1-7　将立方体拉成人头大小　　　　图 3-1-8　转换成可编辑多边形

2. 在修改器列表中单击"涡轮平滑"，平滑后得到如图 3-1-9 所示的效果。再次单击"转化成可编辑多边形"进入"点"层级，继续调整头型。

3. 在右视图下，将头型调整成如图 3-1-10 所示的形状。

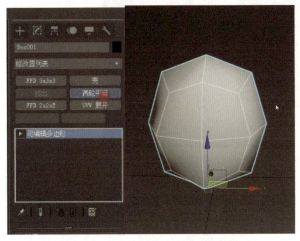

图 3-1-9　涡轮平滑变成球形　　　　　图 3-1-10　调整头型

4. 进入"边"层级，选择中间的环形线条，图 3-1-11 所示。单击"切角"拉出两条线，如图 3-1-12 所示。

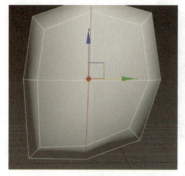
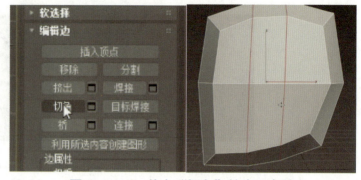

图 3-1-11   选择中间的环形线条   图 3-1-12   单击"切角"拉出两条线

5. 单击下方线条，向前移动，调整出人物脖子的位置，如图 3-1-13 所示。

6. 进入"正面"视角，选择一半的面删除，然后单击"镜像" ，接着单击"实例"复制出另一半头部，如图 3-1-14 所示。

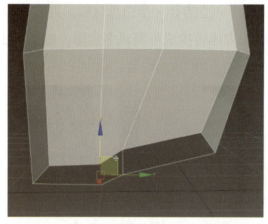
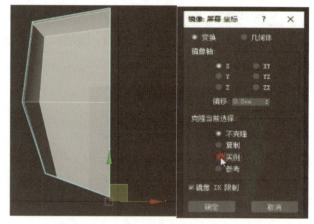

图 3-1-13   向前移动线调整出人物脖子的位置   图 3-1-14   复制出另一半头部

7. 单击脸中间的线，右击选择"切角"，拉出两条线，按照"三庭五眼"的规律，将眉弓和鼻底的位置定出来，如图 3-1-15 所示。

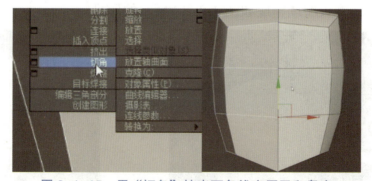

图 3-1-15   用"切角"拉出两条线定眉弓和鼻底

8. 进入底视图，调整脖子面的大小，由于 Q 版人物脖子比较细小，所以面要调小一点，如图 3-1-16 所示。调整好脖子大小后，进入"多边形"层级，选择面挤出，如图 3-1-17 所示。

图 3-1-16 调小脖子面

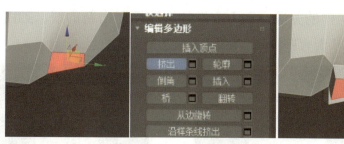

图 3-1-17 挤出脖子

9. 删除中间重叠的面，将两边的脖子合并起来，如图 3-1-18 所示。

10. 选中脖子下的面挤出肩膀，删掉中间的面，并调整形状，如图 3-1-19 所示。

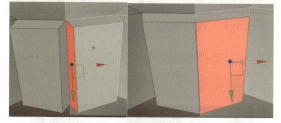

图 3-1-18 删除中间重叠的面，并合起来

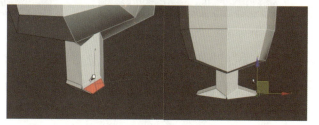

图 3-1-19 挤出肩膀

11. 选择肩膀下的面，继续挤出整个身体，如图 3-1-20 所示，到胯部的位置（Q 版人物基本是 2~3 头身，身体一般为半个头到一个头），删掉中间的面。

12. 调整点，做出胯部的形状，如图 3-1-21 所示。

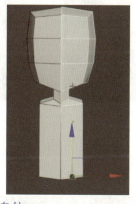

图 3-1-20 挤出整个身体

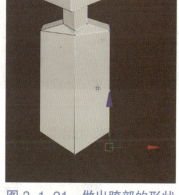

图 3-1-21 做出胯部的形状

13. 框选身体四周的线，如图 3-1-22 所示。单击"连接"，如图 3-1-23 所示。在身体上加一根线，将线调整到身体 1/3 处，如图 3-1-24 所示。

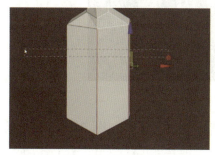

图 3-1-22 框选身体四周的线

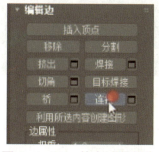

图 3-1-23 单击"连接"

图 3-1-24 调整新增的线

14. 同样的方法，在下方继续"连接"出新的线，如图 3-1-25 所示。将前面和右面的身体形状大致调出来，如图 3-1-26 所示。

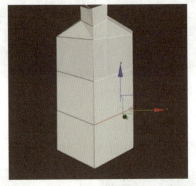

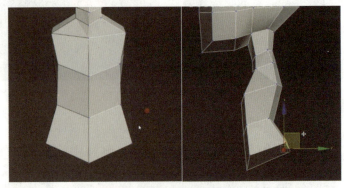

图 3-1-25   "连接"出新的线   图 3-1-26   调整前面和右面身体造型

15. 选择胯部下方的面，单击"挤出"，挤出腿部，选择底面缩小至合适，如图 3-1-27 所示。调整身体正前面和正右面造型，如图 3-1-28 所示。

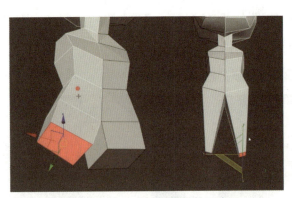

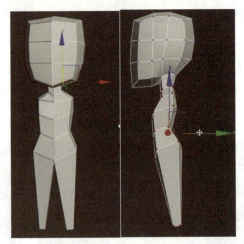

图 3-1-27   挤出并调整腿部   图 3-1-28   调整身体正前面和正右面造型

16. 接下来对腿部进行细化，选择腿的四个边，单击"连接"做出膝盖位置，并调整膝盖粗细，如图 3-1-29 所示。

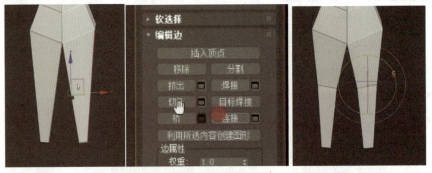

图 3-1-29   在腿部中间新增线，调整粗细

17. 选择大腿中线，单击"切角"，拉出两条线，调整大腿造型，如图 3-1-30 所示。用同样的方法在小腿位置上增加新的线，将其正面、侧面、背面调整成如图 3-1-31 所示的造型。

图 3-1-30　单击"切角"新增线，调整大腿造型

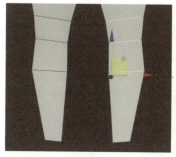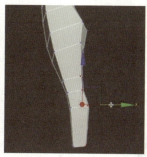

图 3-1-31　单击"切角"新增线，调整正面、侧面、背面造型

18. 选择小腿最下面的面，挤出脚跟，如图 3-1-32 所示。再选择脚跟前方的面，挤出脚面，如图 3-1-33 所示。在底视图将脚底调整成如图 3-1-34 所示的造型。小腿上新增一条线作为脚踝，调整各个方向的点，使其成为如图 3-1-35 所示的造型。

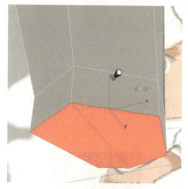

图 3-1-32　挤出脚跟

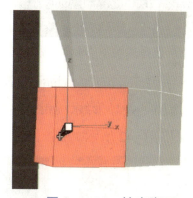

图 3-1-33　挤出脚面

图 3-1-34　调整脚底

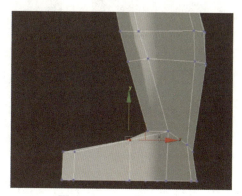

图 3-1-35　最终脚型

19. 选择腰部中线做"切角"，拉出两条线，如图 3-1-36 所示。进入侧视图，选择腹部前面的线条，调整肚子弧度，如图 3-1-37 所示。

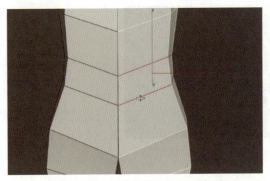

图 3-1-36   在腰上切出两条线

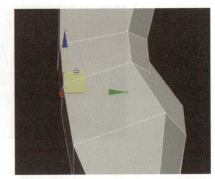

图 3-1-37   侧面调整腹部弧度

20. 接下来制作手臂，在侧视图下，选择身侧肩膀下的面，缩小一些，挤出手臂，如图 3-1-38 所示。

21. 在手臂中段添加环形线，缩小环形线大小，勒出手肘，并在上下手臂处各新增一条环形线，调整手臂结构，如图 3-1-39 所示。

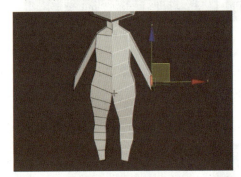

图 3-1-38   选择肩膀下的面挤出手臂

图 3-1-39   新增三根线调整成手臂结构

22. 选择手臂末端的面，挤出两次，调整形状做成手掌的样子，如图 3-1-40 所示。在手掌中间增加一条环形线，如图 3-1-41 所示。在手掌位置切出两条线，将手掌分成四个块面，如图 3-1-42 所示。

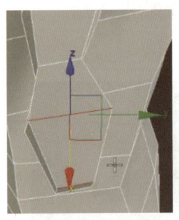

图 3-1-40   挤出手掌

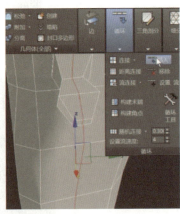

图 3-1-41   手掌中新增线

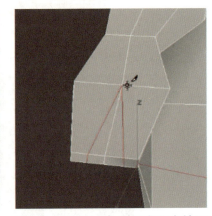

图 3-1-42   手掌分割成四个块面

23. 分别选择四个末端的面，按手指形状挤出四根手指，末端缩小，调整造型如图 3-1-43 所示。每根手指中间新增环形线，并用"切角"拉出两条线，调整手指结构，如图 3-1-44 所示。

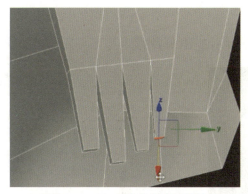

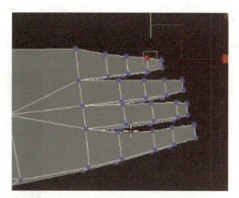

图 3-1-43　挤出四根手指　　　　　　　　图 3-1-44　调整手指结构

24. 选择食指旁的两个面，挤出一个块面，如图 3-1-45 所示。将后面的两条线选中，按住 Ctrl 键单击"移除"将它们删除，如图 3-1-46 所示。选择大拇指末端的面"挤出"两端，调整为如图 3-1-47 所示的造型。

图 3-1-45　选择两个面，并挤

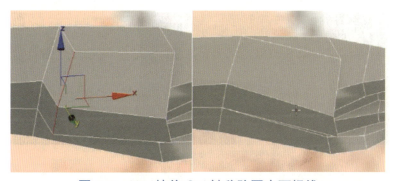

图 3-1-46　按住 Ctrl 键移除图中两根线

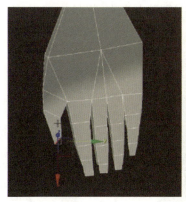

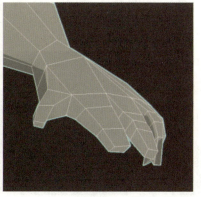

图 3-1-47　做出大拇指后调整各手指形状，直至得到最终手部造型

面部细化

25. 为面部加线，按 Alt+C 键，依照图 3-1-48 所示连出分割线。

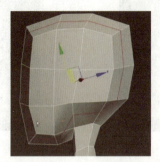

图 3-1-48　头部加上环行线

26. 将面部中间的线段选中，向中间拉，调整鼻子的位置，整理正面头形和脸形，如图 3-1-49~ 图 3-1-51 所示。

  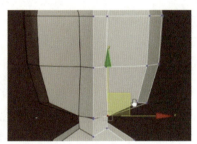

图 3-1-49　调整鼻子的位置　　　图 3-1-50　调整正面头形　　　图 3-1-51　调整正面脸形

27. 使用"边""点"调整侧面造型，如图 3-1-52 所示。

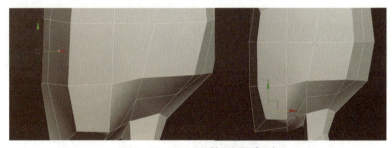

图 3-1-52　调整侧面造型

28. 选择面部中间的面，单击"挤出"形成鼻子造型，删除中间的面，将上面的点移动到中部，做出鼻梁，如图 3-1-53 所示。在正视图中调整鼻弓和鼻头的宽度，如图 3-1-54 所示。

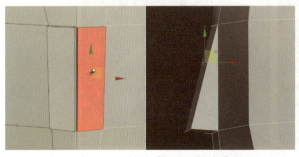 

图 3-1-53　挤出鼻子，做出鼻梁　　　图 3-1-54　调整鼻弓和鼻头的宽度

29. 在鼻子部分加线，按住 Alt+C 键，围着鼻梁连接新的一圈线，一直连到脑后，如图 3-1-55 所示。将鼻底线条选中，往上拉，使鼻子微微翘起，调整形状，如图 3-1-56 所示。

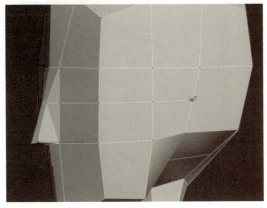

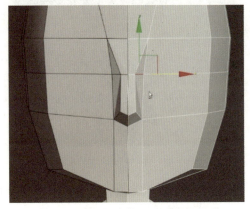

图 3-1-55　围着鼻梁连接新的一圈线　　　　图 3-1-56　调整正面鼻子造型

30. 将侧面的鼻梁与眼眶部分的点选中，向后拉，形成鼻梁弧度和眼窝深度，如图 3-1-57 所示。

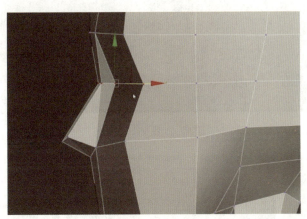

图 3-1-57　选中图中的点往后拉出眼窝

31. 选择侧面中间的面，缩小、旋转后形成耳朵的位置，用点调整出耳朵的形状，"挤出"耳朵，如图 3-1-58 所示。

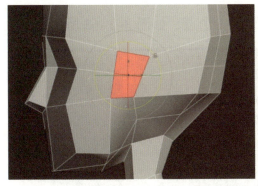

图 3-1-58　调整耳形并挤出

32. 放大最外层的面，并向前旋转，形状如图 3-1-59 所示。选择耳朵中间的两条线，按住 Ctrl 键单击"移除"工具，删掉耳朵多余的线段，最终造型如图 3-1-60 所示。

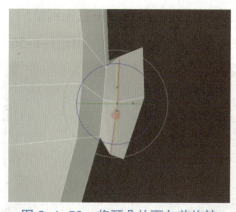

图 3-1-59　将耳朵的面向前旋转

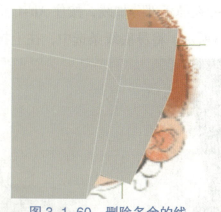

图 3-1-60　删除多余的线

33.选择脸颊的线条，"连接"出环行线，如图 3-1-61 所示，调整嘴巴的点，使它微微鼓起。调整头部正面、侧面造型，如图 3-1-62 所示。

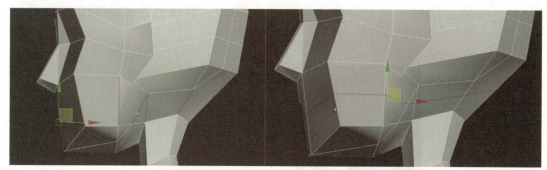

图 3-1-61　连接出嘴巴中线

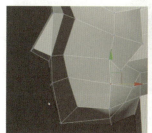
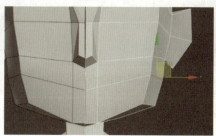
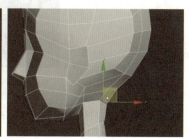

图 3-1-62　调整头部正面、侧面造型

34.选择面部侧面图中的线段，将它"塌陷"成一个点，如图 3-1-63 所示。

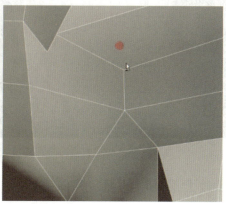

图 3-1-63　选择图中的线段将它"塌陷"成一个点

35.选中面部线段，单击"切角"拉出两条线，如图 3-1-64 所示。用同样的方法单击脖子的线条，"切角"出两条线条，如图 3-1-65 所示。

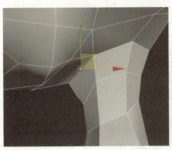

图 3-1-64　切出下巴　　　　　　　　　图 3-1-65　切出脖子两条线

36.选中图 3-1-66 所示的线段，按住 Ctrl 键单击"移除"按钮。按住 Alt+C 键，连接新的线段，如图 3-1-67 所示。

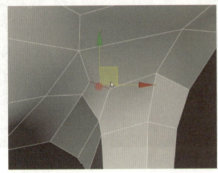

图 3-1-66　"移除"线段　　　　　　　　　图 3-1-67　连接新的线段

37.转到下巴处，单击 Alt+C 键将图 3-1-68 中下巴的两个点用线连接。再次单击 Alt+C 键，从图中圆圈处一直连一条新线段到头顶位置，如图 3-1-69 所示。

图 3-1-68　下巴的两个点用线连接

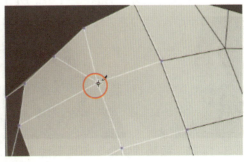

图 3-1-69　从下巴连线至头顶

38. 调整一下正面脸部的形状，让它更接近 Q 版脸形，如图 3-1-70 所示。

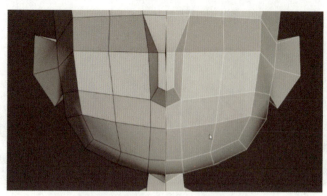

图 3-1-70　调整正面脸形

39. 选择全部嘴巴中线，"切角"成为两条线，如图 3-1-71 所示。

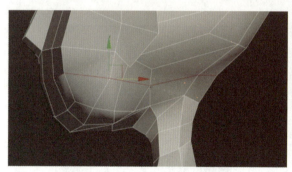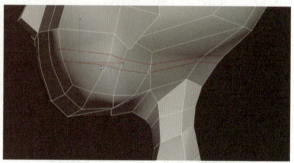

图 3-1-71　将嘴巴中线"切角"成为两条线

40. 选择多出来的三角形线段，单击"塌陷"按钮，如图 3-1-72 所示，并继续调整脸侧面，让它的形状如图 3-1-73 所示。

图 3-1-72　塌陷图中的线　　　　　图 3-1-73　调整侧面脸形

41. 将眼睛的环行线选中，"切角"出两条线，如图 3-1-74 所示。选择额头中间的环行线，"切角"出两条线，如图 3-1-75 所示。

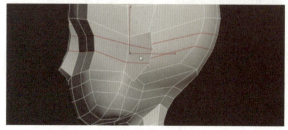

图 3-1-74　眼睛"切角"出两条线　　　　　图 3-1-75　额头"切角"出两条线

42. 按住 Alt+C 键用线连接图中两个点，如图 3-1-76 所示。

图 3-1-76　新增线连接图中两个点

43. 扩大正面鼻翼，侧面调整成如图 3-1-77 所示的造型。

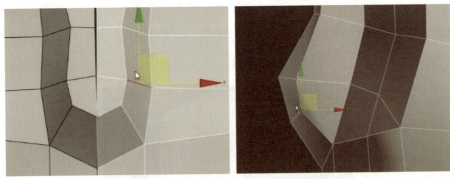

图 3-1-77　调整正侧面鼻子造型

44. 连接这三个点，并将中间的点拉出来，使鼻子更圆鼓鼓的，如图 3-1-78 所示。

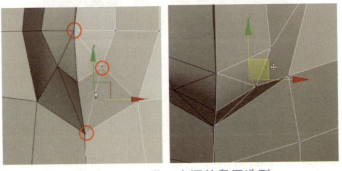

图 3-1-78　进一步调整鼻子造型

45. 按住 Alt+C 键将眼睛处的两个点连接起来，形成眼眶的形状，如图 3-1-79 所示。删除中间的线，如图 3-1-80 所示。连接出新线段，如图 3-1-81 所示。

 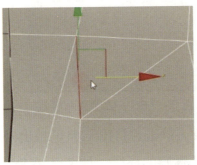 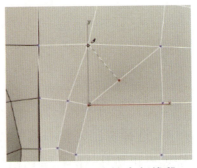

图 3-1-79　连接两个点　　　图 3-1-80　删除中间的线　　　图 3-1-81　连接出新线段

46. 选择全部脸外轮廓的横线，加环行线，没有连到的部分，用线连接直到头顶，如图 3-1-82 所示。

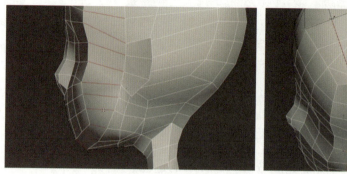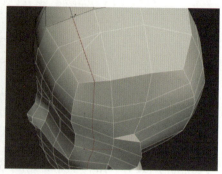

图 3-1-82　新增脸颊的线条到头顶

47. 从侧面、正面处继续调整，让脸部更圆滑，每个面都能大小均匀为佳，如图 3-1-83 所示。

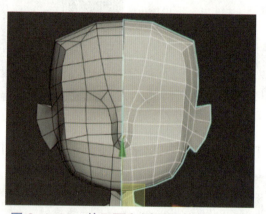

图 3-1-83　从正面和侧面调整整个头部

企业经验： 制作 IP 角色模型时，由于人体造型多为不规则形状，需要我们在不断加线的过程中从多个角度去观察整体、调整形态，才能得到比较正确的造型。

48. 按住 Alt+C 键从鼻头中间切出一圈环线，作为嘴巴的布线。同样的方法切出上嘴唇的线条，删掉中间的面，如图 3-1-84~ 图 3-1-86 所示。

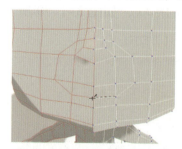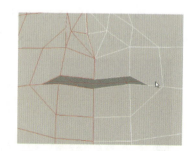

图 3-1-84　切出嘴巴环线　　　图 3-1-85　切出上嘴唇线　　　图 3-1-86　删除中间的面

49. 选择嘴巴完整一圈的线条，单击"挤出"向里挤出一个结构，如图 3-1-87 所示。围绕嘴巴再按住 Alt+C 键切出多条嘴唇的环线，如图 3-1-88 所示。从正面和侧面调整点，使其出现嘴唇微微嘟起的造型，如图 3-1-89 所示。

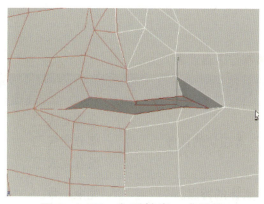

图 3-1-87　向里挤出一个结构

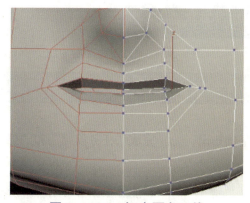

图 3-1-88　切出更多环线

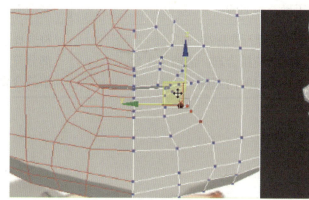

图 3-1-89　从正面和侧面调整嘴形

50. 调整眼部位置形状，选中眼睛位置的四个面，单击"插入"收缩一层做眼睑，如图 3-1-90 所示。调整眼睛的造型，直至如图 3-1-91 所示。

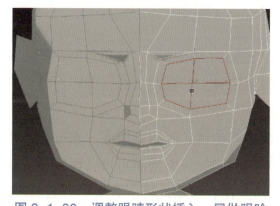

图 3-1-90　调整眼睛形状插入一层做眼睑

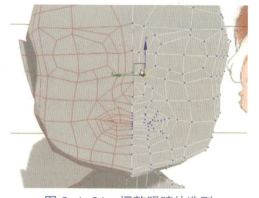

图 3-1-91　调整眼睛的造型

企业经验： 通常在项目中要为制作的角色制作表情动画，眼睛的动作有眯眼、睁大眼睛、眨眼睛等。所以制作中需要眼皮和眼球分开制作，好让后期可以专门为面部添加控制器。

四、任务自评

任务一　"IP 角色素体制作"自评表

评价名称	评价标准	自评
基础知识	完成"任务前导"和"想、查、悟"等模块的任务	全部完成☐ 部分完成☐ 没有完成☐
产品质量	1. 能够根据参考图理解沃柑宝宝 IP 素体的特点。 2. 制作出的沃柑宝宝素体模型与参考图一致。 3. 最终渲染图格式正确，画面清晰	完全一致☐ 部分一致☐ 完全不一致☐
行业规范	1. 操作符合 VR 全景动漫师行业标准。 2. 计算机、数位板等设备使用合理，清洁工作台。 3. 任务保质保量，在规定时间内完成	符合要求☐ 部分符合要求☐ 不符合要求☐

任务二　IP 角色发型和服饰制作

一、任务前导

　　主题 IP 角色设计中重要的一个环节便是设计主题相关的服饰，使角色能在视觉识别上有明确的主题特点。本次任务我们将抓出沃柑宝宝身上的这两个点，即广西特产沃柑和壮族服饰特点，设计并制作出相应的服饰模型。

　　首先沃柑的特点是什么呢？沃柑盛产于广西武鸣地区，其因糖度高、水分足、产量高、存果久等特点闻名全国，沃柑色泽橘黄，果形圆润，果肉饱满可口。再来说说壮族服饰的特点，根据《天下郡国利病书》记载："壮人花衣短裙，男子着短衫，名曰黎桶，腰前后两幅掩不及膝，妇女也着黎桶，下围花幔。"壮族男装多为破胸对襟的唐装，以蓝黑色衣裤式短装为主，上衣短领对襟。壮族女装多为蓝黑色，裤脚稍宽，头上包着彩色印花或提花毛巾，腰间系着精致的围裙。上衣着藏青或深蓝色短领右衽偏襟上衣，有的在颈口、袖口、襟底均绣有彩色花边，分为对襟和偏襟两种，有无领和有领之别。

发型和服装分析草图

　　发型和服装分析草图如图 3-2-1 所示。

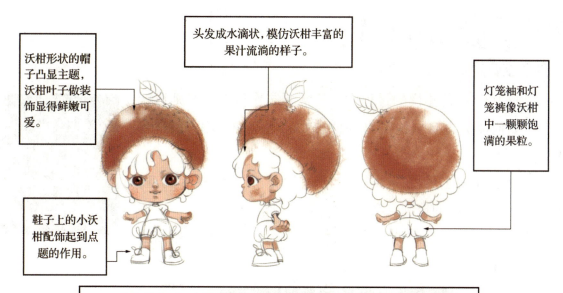

沃柑形状的帽子凸显主题，沃柑叶子做装饰显得鲜嫩可爱。

头发成水滴状，模仿沃柑丰富的果汁流淌的样子。

灯笼袖和灯笼裤像沃柑中一颗颗饱满的果粒。

鞋子上的小沃柑配饰起到点题的作用。

IP角色的发型、衣服和饰品要根据整体进行平衡设计，尽量大而饱满，细碎的小物件也要适IP角色的发型、衣服和饰品，要根据整体适当夸张放大，以免整体造型不协调。

图 3-2-1　发型和服装分析草图

沃柑宝宝 IP 形象发型和服装制作流程

沃柑宝宝 IP 形象发型和服装制作流程如表 3-2-1 所示。

表 3-2-1　沃柑宝宝 IP 形象发型和服装制作流程

	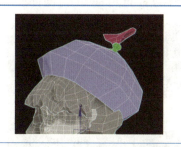	
观察沃柑宝宝参考图中头发的特点将其制作出来	制作沃柑宝宝的帽子等配饰	制作沃柑宝宝穿着的壮族特色服饰

任务最终效果图

最终效果图如图 3-2-2 所示。

图 3-2-2　最终效果图

二、任务知识储备

自由变化物体形状的方法

在我们为 IP 角色建模的过程中，经常要制作很多不规则形状的模型，如何能够更自由地做出各种弯曲的造型呢？用"FFD 自由变形器"吧。

在修改器列表（见图 3-2-3）中，有以下 FFD 修改器类型。不同的类型代表里面的控制点数量或形状的不同。

选择"控制点"，通过调整控制点的位置可以制作出有弯曲度的变形，如图 3-2-4 所示。

图 3-2-3　修改器列表

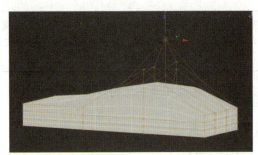

图 3-2-4　调整控制点

选择"晶格"，通过移动晶格的位置可以影响物体变形的程度，如图 3-2-5 所示。

图 3-2-5　移动晶格

选择"设置体积"，可以在移开变形器后保持物体不变，如图 3-2-6 所示。

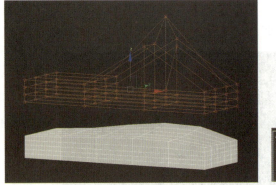

图 3-2-6　通过"设置体积"使物体不变

分离出部分模型的方法

在 3ds Max 软件制作服饰或道具时，经常需要按照原本角色的身体造型直接复制分离出部分模型，通过修改裁剪出来的模型制作出新的造型。

方法一：选中模型中的面，单击"修改"→"编辑集合体"→"分离"，勾选"分离到元素"即可将面作为一个独立的元素分离出来。如果勾选"以克隆对象分离"，那么分离出来的面中心点将沿用原模型，如图 3-2-7 所示。

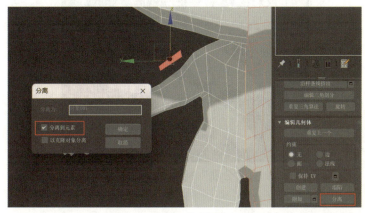

图 3-2-7　分离模型方法一

方法二：选中想要的面，同时按住 Shift+Ctrl 键，移动、缩放或旋转至任意位置便可在那个位置克隆出新的造型。选择"克隆到对象"将在资源管理器中看到新的对象模型，如果选择的是"克隆到元素"，那么新的造型将包含在原来的模型中，如图 3-2-8 所示。

方法三：如果模型是一个成组的模型，首先单击"菜单栏"中的"组"，单击"打开"，如图 3-2-9 所示。

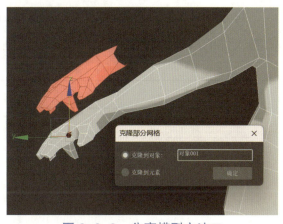

图 3-2-8　分离模型方法二

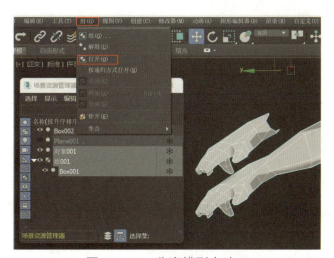

图 3-2-9　分离模型方法三

选中需要分离的物体，单击"分离"，这样物体就从原来的组中分离出来，并可以单独选择了，如图 3-2-10 所示。

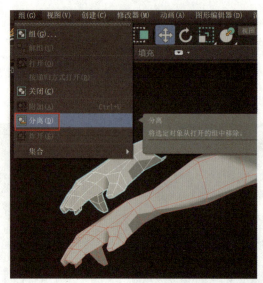

图 3-2-10　单击"分离"将物体从原来的组中分离出来

 **想、查、悟**

对于沃柑宝宝的服饰，你有没有更好的创意呢？收集民族特色纹样或者造型，把它们融入你的服装设计中去吧，想好后请画下来。

_____

_____

三、制作流程

角色发型制作

1. 新建一个长约为 19，宽约为 12，长、宽分段均为 4 的平面，如图 3-2-11 所示。转化成可编辑多边形，将平面放在人物面部前方，进入"点"和"边"层级，按照头发的弯曲度把一簇头发的形状制作出来，如图 3-2-12 所示。

图 3-2-11　平面参数

图 3-2-12　正面制作出一簇头发的弯度

2. 进入"多边形"层级，选择全部面，将其"挤出"，如图 3-2-13 所示。侧面调整头发的弧度，如图 3-2-14 所示。在修改器列表中加入 `FFD 4x4x4`。进入"点"层级，调整头发整体的弧度，如图 3-2-15 所示。

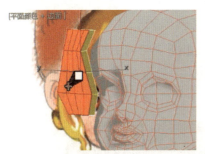

图 3-2-13　挤出厚度

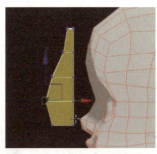

图 3-2-14　侧面调整发型

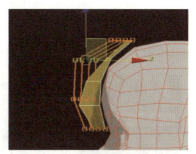

图 3-2-15　加入 FFD 4×4×4 并调整弧度

3. 右击弹出菜单，单击"NURMS 切换"，迭代 1 次，得到一簇比较平滑的头发，如图 3-2-16 所示。弧度、形状比较相似的头发，也可以通过复制制作其他发面，使用同样的方法，制作一半的头发，如图 3-2-17 所示。

图 3-2-16　NURMS 平滑头发

图 3-2-17　制作一半的头发

4. 进入"多边形"层级，选择底部的面，"挤出"两次，缩放调整环形线，根据参考图做出头发水滴的形状，如图 3-2-18 所示。用相同的方法将后面的头发制作好。

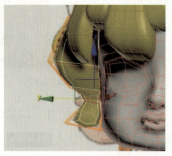

图 3-2-18　挤出头发下端形状

5. 选择制作好的一半头发，调整轴心至头部中央，镜像复制出另一边的头发，微调后得到完整头发部分（角色戴着帽子，头顶的头发可以不做），如图 3-2-19 所示。

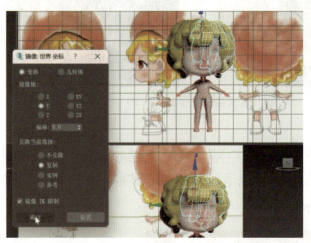

图 3-2-19　复制另一边的头发，并根据参考图微调头发造型

角色头饰制作

6. 角色最点明主题和有特色的便是它的帽子。帽子是沃柑形状的，接近圆形。直接新建一个半径为 30，分段为 8 的球体，如图 3-2-20 所示。选择球体下方 1/4 的面，删除，将球体的顶点向外旋转 30°，调整形状，如图 3-2-21 所示。进入"点"层级把帽子的帽檐贴近头发，选择帽檐环行线，按 Shift 键，向头发里"挤出"一个面，做出帽子的厚度，如图 3-2-22 所示。

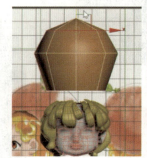

图 3-2-20　新建一个球体　　　　　　　图 3-2-21　删除下方 1/4 的面，调整帽子形状

图 3-2-22 按 Shift 键向内收缩一个面

7. 制作帽子上的树叶，在顶视图新建一个长度为 30、宽度为 15、长度分段为 4、宽度分段为 2 的平面，如图 3-2-23 所示。将其转化成可编辑多边形，进入"点"层级，根据树叶的形状调整平面形状，最顶端的四个点"焊接"成一个点，如图 3-2-24 所示。选择下方四个的面的边，按住 Shift 键拉出叶杆，如图 3-2-25 所示。

 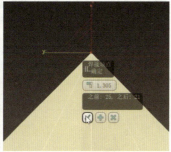  

图 3-2-23 新建平面　　　　　图 3-2-24 "焊接"顶点　图 3-2-25 拉出叶杆

8. 选择叶子全部面，"挤出"一定的厚度，如图 3-2-26 所示。为叶子在修改器列表里添加 FFD 4×4×4，调整其弯曲度，让它更像一片叶子，如图 3-2-27 所示。

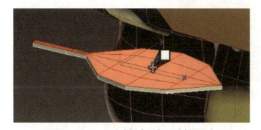 

图 3-2-26 挤出叶子的厚度　　　　　　　图 3-2-27 调整叶子的弯曲度

9. 新建圆柱体，转换成"可编辑多边形"，调整环形线大小。进入"点"层级，间隔一个点，将其扩大成星形，最终效果如图 3-2-28 所示。制作出沃柑果蒂部分。将果蒂和叶子放置在帽子上，如图 3-2-29 所示。

图 3-2-28 制作沃柑果蒂　　　　　图 3-2-29 果蒂和叶子放置在帽子上

角色服装制作

10. 选择图中身体的面，同时按住 Shift+Ctrl 键放大并复制一层，选择"克隆到对象"，如图 3-2-30 所示。删除衣服一半的面，进入"边"层级，选择袖子中间增加环行线，按照参考图调整边和点，制作出灯笼袖，如图 3-2-31 所示。

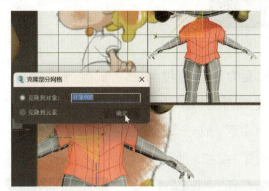

图 3-2-30　选中上身面复制一层　　　　图 3-2-31　袖子增加环行线，调整形状

11. 用同样的方法，同时按住 Shift+Ctrl 键，放大并复制一层，删除衣服一半的面，按照参考图调整边和点，制作灯笼裤的造型，如图 3-2-32 所示。

图 3-2-32　调整裤子造型

12. 新建高度分段为 4，端面分段为 1，边数为 18 的圆柱体，转换为可编辑多边形，删除上、下两个面，在正面和侧面调整腰带的大小，如图 3-2-33 所示。进入"点"层级，调整点的位置，让腰带有堆叠感，选择全部面，挤出厚度，如图 3-2-34 所示。

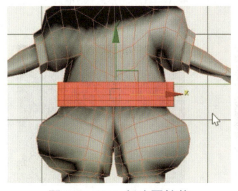
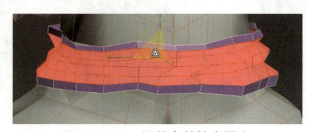

图 3-2-33　新建圆柱体　　　　　　　图 3-2-34　调整点并挤出厚度

13. 制作花幔，在腰带前新建一个平面，如图 3-2-35 所示。转换为可编辑多边形，调整点成图 3-2-36 所示的形状。按住 Alt+C 键，在最下面一层切出分隔线，进入"多边形"层级，删除多余的面，形成花幔的流苏，选择全部面挤出一定的厚度，如图 3-2-37 所示。

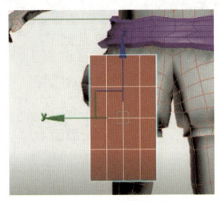
图 3-2-35 新建平面

图 3-2-36 调整花幔形状

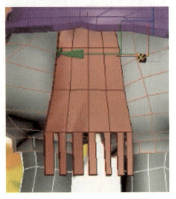
图 3-2-37 制作流苏

14. 选择脚踝以下的面，按住 Shift+Ctrl 键放大并复制一层，选择"克隆到对象"，如图 3-2-38 所示。将最下面的一圈面选中，插入环行线，缩小，勒出鞋底的分界线，可以多加几条环行线，把鞋底转折造型调整好，如图 3-2-39 所示。选择鞋帮边缘线，按 Shift 键拉出边缘厚度，如图 3-2-40 所示。

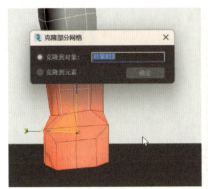
图 3-2-38 选择脚的面放大
       复制出鞋子

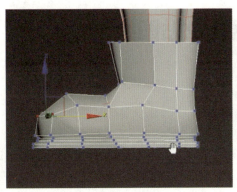
图 3-2-39 调整鞋底转折造型

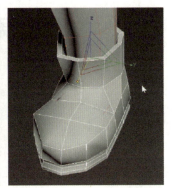
图 3-2-40 拉出鞋帮厚度

15. 最终将衣服、裤子、鞋子的另一半镜像复制，得到图 3-2-41 所示的效果。

图 3-2-41 最终服饰效果

四、任务自评

任务二　"IP 角色发型和服饰制作"自评表

评价名称	评价标准	自评
基础知识	完成"任务前导"和"想、查、悟"等模块的任务	全部完成□ 部分完成□ 没有完成□
产品质量	1. 能够根据参考图理解沃柑宝宝 IP 发型和服装的特点。 2. 制作出的沃柑宝宝发型和服装与参考图一致。 3. 最终渲染图格式正确，画面清晰	完全一致□ 部分一致□ 完全不一致□
行业规范	1. 操作符合 VR 全景动漫师行业标准。 2. 计算机、数位板等设备使用合理，清洁工作台。 3. 任务保质保量，在规定时间内完成	符合要求□ 部分符合要求□ 不符合要求□

任务三　UV 展开及贴图绘制

一、任务前导

壮锦作为国家级非物质文化遗产，是壮族人民最精彩的文化创造之一，其历史也非常悠久。壮锦的图案有水、云、花、草、虫、鱼、鸟、兽等，还有复杂的双凤朝阳、蝴蝶扑花、双龙戏珠、狮滚绣球、凤穿牡丹、孔雀闹海、鱼跃龙门、鸳鸯戏水、宝鸭穿莲、子鹿穿山等。在色彩的运用方面，壮锦喜用重彩，其以红、黄、蓝、绿为基本色，其余是补色，对比鲜明强烈，具有浓郁的民族特色。

本次任务将在之前做好的沃柑宝宝模型上绘制具有民族和农产品主题特点的贴图，我们需要使用 3ds Max 软件在制作好的模型上完成 UV 展开，然后将 UV 展开图导入Photoshop 软件中进行绘制，最终完成 IP 角色——沃柑宝宝的贴图制作。

沃柑宝宝贴图分析草图

沃柑宝宝贴图分析草图如图 3-3-1 所示。

橘黄色的沃柑帽子，上面有凹凸小点，帽子上方有绿叶配饰

金黄色渐变的头发

红润的肤色

服装花纹使用非遗手工艺——壮锦作为点缀

图 3-3-1　沃柑宝宝贴图分析草图

沃柑宝宝 IP 形象 UV 展开及贴图制作流程

沃柑宝宝 IP 形象 UV 展开及贴图制作流程如表 3-3-1 所示。

表 3-3-1　沃柑宝宝 IP 形象 UV 展开及贴图制作流程

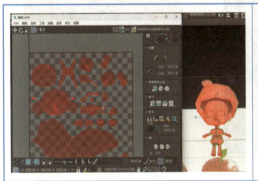		
1. 根据沃柑宝宝 IP 模型特点，展开身体服饰各部分 UV	2. 使用 PS 绘制每个部分的大色块	3. 绘制贴图细节

任务最终效果

最终效果如图 3-3-2 所示。

图 3-3-2　最终效果

二、任务知识储备

3ds Max 展开及贴图会运用到哪些工具

1. UVW 展开基本界面

（1）添加"UVW 展开"修改器的方法。

单击"修改器列表"→"UVW 展开"，找到"编辑 UV"下的"打开 UV 编辑器"（快捷键 Ctrl + E），开始进行 UV 编辑。

（2）UV 点、边、多边形。

"UV 编辑器"中也同样有点、边、多边形可供选择，如表 3-3-2 所示，但这些选择只影响编辑器中点、边、多边形的调整，不会使外面的模型产生变化。可在调整贴图形状、选择炸开边缘或选择面等情况下使用。

表 3-3-2　UV 点、边、多边形

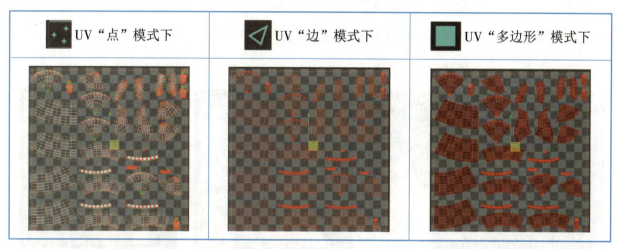

UV "点" 模式下	UV "边" 模式下	UV "多边形" 模式下

（3）三种自动展开的工具。

UV 编辑器中有三种贴图展开工具，如图 3-3-3 所示，选择模型后可以根据需要自动对贴图进行展开，自动展开效果如表 3-3-3 所示。

图 3-3-3　三种贴图展开工具

表 3-3-3　三种贴图展开工具的自动展开效果

"展平贴图" 自动展开效果	"法线贴图" 自动展开效果	"展开贴图" 自动展开效果

（4）手动展开的工具。

"缝合"工具能将切割开（绿色线条）的贴图缝合起来。当我们选择需要缝合的边后，另一边贴图上的公用边会同时变成蓝色，这时便可以进行线条的缝合了，如图 3-3-4 所示。"缝合"工具使用方法及效果如表 3-3-4 所示。

图 3-3-4　"缝合"工具及使用效果

表 3-3-4　"缝合"工具使用方法及效果

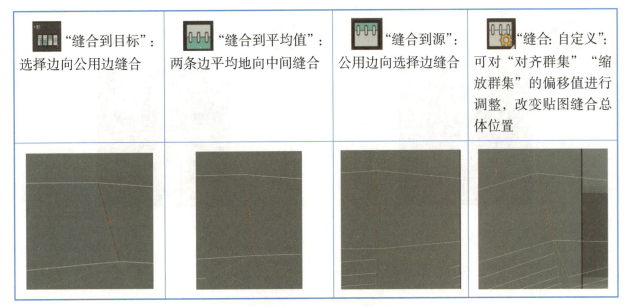

"缝合到目标"：选择边向公用边缝合	"缝合到平均值"：两条边平均地向中间缝合	"缝合到源"：公用边向选择边缝合	"缝合：自定义"：可对"对齐群集""缩放群集"的偏移值进行调整，改变贴图缝合总体位置

"炸开"工具（见图 3-3-5）可以将合并在一起的贴图分离开，形成单独展开的结构。

图 3-3-5　"炸开"工具

"炸开"工具使用方法及效果如表 3-3-5 所示。

表 3-3-5　"炸开"工具使用方法及效果

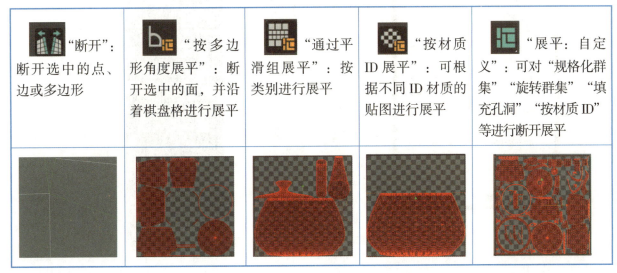

"断开"：断开选中的点、边或多边形	"按多边形角度展平"：断开选中的面，并沿着棋盘格进行展平	"通过平滑组展平"：按类别进行展平	"按材质 ID 展平"：可根据不同 ID 材质的贴图进行展平	"展平：自定义"：可对"规格化群集""旋转群集""填充孔洞""按材质 ID"等进行断开展平

"剥"工具（见图 3-3-6）常用于立体模型贴图剪开后的平面展开。

图 3-3-6   "剥"工具

"剥"工具使用方法及效果如表 3-3-6 所示。

表 3-3-6   "剥"工具使用方法及效果

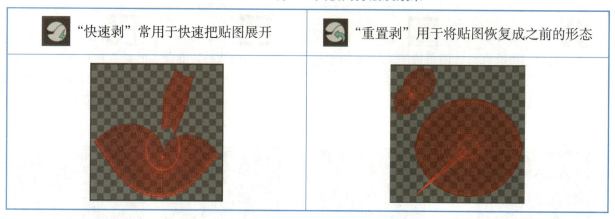

"快速剥"常用于快速把贴图展开	"重置剥"用于将贴图恢复成之前的形态

（5）保存 UV 模板。

保存 UV 模板的步骤如表 3-3-7 所示。

表 3-3-7   保存 UV 模板的步骤

首先，当我们已经完成模型各部分贴图的展开后，在"UV 编辑器"中单击"工具"→"渲染 UVW 模板 ..."进行保存	其次，在设置框中可以调整 UV 宽度和高度，各种边、线的颜色、渲染输出的位置等。调整好全部设置后，单击"渲染 UV 模板"按钮可进入保存的界面

续表

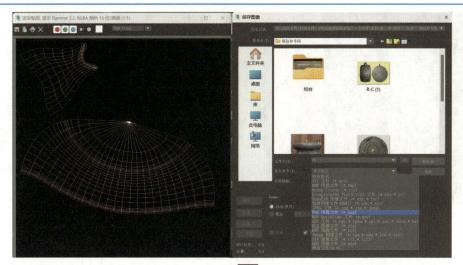

最后，在保存界面中单击左上方的"保存"按钮 ，输入文件名，选择保存类型后，完成 UV 模板的保存

想、查、悟

查一查 3ds Max 贴图的方式还有哪几种呢？请写下来。

制作（微课）

三、制作流程

UV 展开

1. 打开模型文件，使用"附加"将除头发以外的部分附加在一起，如图 3-3-7 所示。

图 3-3-7　将各部分模型附加在一起

2.选择头发集合，右击选择"隐藏选定对象"，将头发隐藏起来，如图 3-3-8 所示。

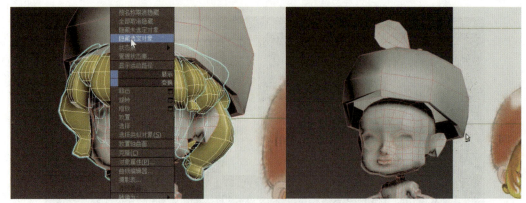

图 3-3-8　隐藏头发

3.单击"修改器列表"→"UVW 展开"，打开 UV 编辑器，如图 3-3-9 所示。

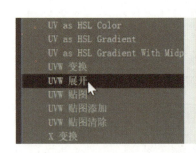
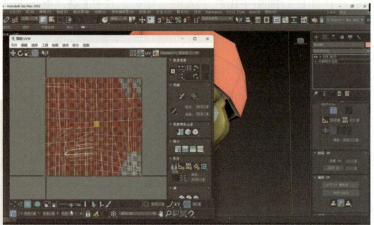

图 3-3-9　打开 UV 编辑器

4.单击编辑面板左下角的"多边形"+"元素"，全选模型的所有面。单击"编辑 UV"中的"快速平面贴图"，重新划分贴图，如图 3-3-10 所示。

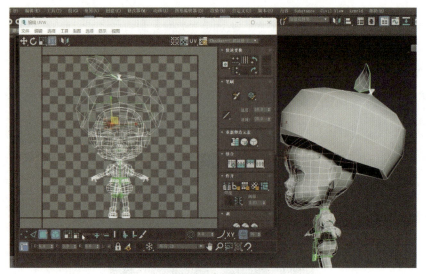

图 3-3-10　进入快速平面贴图

5. 单击编辑面板左下角的"边" ，将脖子下方的一圈线条选中，单击"炸开"，分开头与身体的贴图，如图 3-3-11 所示。

图 3-3-11　分开头与身体的贴图

6. 用同样的方法，将面部、衣服、裤子、帽子、腰带、鞋底等需要单独绘制的贴图进行"炸开"。全选所有面，选择"自动剥" 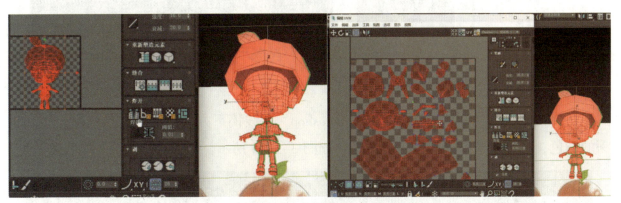，把所有贴图分割出来，如图 3-3-12 所示。

图 3-3-12　展开所有块、面的贴图

7. 通过单击编辑面板左上角的"移动""旋转""缩放" ，将每个部分按照绘画细节需求重新编辑大小，并放在合理位置上，如图 3-3-13 所示。

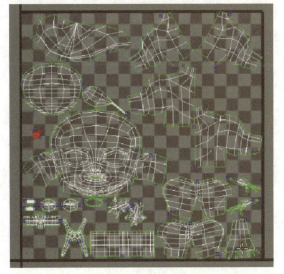

图 3-3-13　将各部分贴图摆放在棋盘框内

8. 单击"文件"→"保存 UV...",输入文件名保存展开的文件，单击"工具"→"渲染 UVs"→"渲染 UV模板",保存一张格式为 png、像素为 1024px×1024px 的 UV 模板，如图3-3-14 所示。

图 3-3-14　保存 UV 展开图

贴图绘制

15.将渲染出来的 UV 展开图导入 Photoshop，在线稿下方新建一层图层，填充一个较深的颜色，让物体边缘线能看得更清楚，如图 3-3-15 所示。

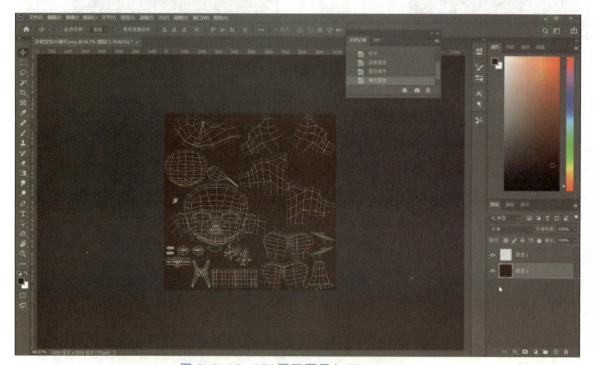

图 3-3-15　UV 展开图导入 Photoshop

16.按照沃柑宝宝参考图中各部分的颜色，填充大色块，并绘制面部及身体细节，如图 3-3-16 所示。

图 3-3-16　填充各部分的大色块

17. 回到 3ds Max 软件，打开材质编辑器，选择新的材质球，单击"漫反射"→"位图"，在"选择位图图像文件"对话框中选择绘制好的"沃柑宝宝 UV 展开"psd 文件，"PSD 输入选项"选择"塌陷层"，通过模型显示，检查绘制效果，如图 3-3-17 所示。

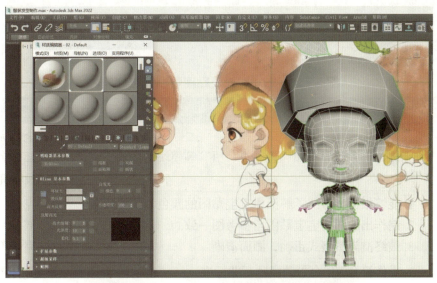

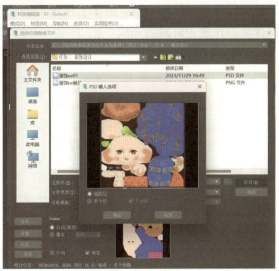

图 3-3-17　新建材质球，附上绘制好的图片

18. 继续完善贴图，加入更多细节，并将沃柑宝宝服装上的民族纹样按照 UV 展开图贴在相应位置上，如图 3-3-18 所示。

图 3-3-18　完成贴图绘制

企业经验：如果模型具有对称性结构，可以直接删掉模型的一半，只拿一半模型来展开 UV。展好 UV 后塌陷进去。使用"对称"修改器将模型对称出另一半，对称时"焊接"好对称相交处的顶点。这样能节省较多绘制贴图的时间。

四、任务自评

任务三　"UV 展开及贴图绘制"自评表

评价名称	评价标准	自评
基础知识	完成"任务前导"和"想、查、悟"等模块的任务	全部完成□ 部分完成□ 没有完成□
产品质量	1. 能够根据参考图了解沃柑宝宝贴图的颜色和纹样特点。 2. 制作出的沃柑宝宝贴图与参考图一致。 3. 最终渲染图格式正确，画面清晰	完全一致□ 部分一致□ 完全不一致□
行业规范	1. 操作符合 VR 全景动漫师行业标准。 2. 计算机、数位板等设备使用合理，清洁工作台。 3. 任务保质保量，在规定时间内完成	符合要求□ 部分符合要求□ 不符合要求□

1+X"游戏美术设计"模拟题

单选题

1. 进行角色设定时，2D 游戏与 3D 游戏的人设图的最大区别是（　　　　）。

A. 没有区别　　　　　　　　　　　B. 3D 游戏必须有非常详细的三视图

C. 2D 游戏必须有非常详细的三视图　　D. 3D 游戏不需要三视图

2.画头发时，正确的绘画顺序是（　　）。

A.铺底色—提高光—完成

B.铺底色—加阴影—提高光—完成

C.加阴影—提高光—加环境色—完成

D.铺底色—加阴影—加环境色—提高光—完成

3.在游戏前期概念设定中，我们需要展现的东西不包括（　　）。

A.游戏世界观　　　　　　　　　　B.游戏的时代背景与风格

C.主要角色的人物特征　　　　　　D.游戏美术宣传海报

4.我国传统绘画的学习方法之一是（　　）。

A.临摹　　　　　　　B.想象　　　　　　　C.默写　　　　　　　D.速写

多选题

1.下列哪些装备是中国风游戏所特有的？（　　）

A.折扇　　　　　　　B.油纸伞　　　　　　C.峨眉刺　　　　　　D.轩辕剑

2.游戏美术中，在进行角色设计时，主要影响我们的元素是（　　）。

A.配色　　　　　　　B.人物性格　　　　　　C.画风　　　　　　　D.头身比例

实操题

练习1：在3ds Max软件中，制作一个Q版动漫角色，并导出。

制作要求：

（1）模型符合原造型形象。

（2）布线合理，贴图正确无爆裂。

（3）渲染三视图，画面清晰。

练习2：使用3ds Max软件制作一个穿中式铠甲的男性模型。

（1）根据右图制作一个同样的"穿中式铠甲男性"3D模型及贴图。

（2）贴图大小：512px×512px一张。

（3）模型面数控制在540三角面以内。

（4）体积明确，贴图干净，色彩丰富，还原度高。

全国技能大赛"动漫制作"赛题

主题："未来生活"

内容概要：

在未来世界，机器人已经深入人类生活的各个方面，成为我们日常生活中不可或缺的一部分。在这个世界里，有一类特殊的机器人，名叫小舟，是一种智能助理机器人，它的主要职责就是帮助人们完成各种日常任务。无论是处理日常文书工作、管理日程，还是进行简单的家务活动，小舟都能够轻松胜任。

　　某天上午，天气晴朗。小舟2号（男）从充电桩上走下来，扫描整个房间，看到小舟1号（女）还在充电，同时发现房间内部脏乱。于是，它开始着手打扫……在短时间内完成了房间内部的清洁工作。

模块一：造型设计制作

　　任务1：角色造型设计。

　　根据提供的小舟1号造型正面参考图，细化设计（五官、头发、服饰、配饰），使用绘画工具进行设计和绘制，完成小舟1号的正面、3/4正面、侧面、背面设定图，美术风格不限。

内容	文件	命名方式及要求	保存路径
色稿	小舟1号正面、3/4正面、侧面、背面设定图	1.命名：小舟1号设定图 . jpg，形式参考样例； 2.图片尺寸为210 mm×297 mm，横板，分辨率为300 dpi	D:\工位号\模块一\任务1
源文件	小舟1号正面、3/4正面、侧面、背面设定图源文件	1.命名：小舟1号设定图 . psd； 2.图片尺寸为210 mm×297 mm，横板，分辨率为300 dpi	D:\工位号\模块一\任务1

　　任务2：角色模型制作。

　　根据任务1角色造型设定图，使用三维软件制作角色模型，完成UV拆分、材质贴图及渲染。

　　提交要求：

内容	文件	命名方式及要求	保存路径
渲染图	小舟1号正面、背面、侧面渲染图	1.命名：小舟1号正面渲染图 . jpg、小舟1号背面渲染图 . jpg、小舟1号侧面渲染图 . jpg； 2.图片尺寸1920px×1080px	D:\工位号\模块一\任务2
模型文件	三维工程文件	命名：小舟1号 . fbx	D:\工位号\模块一\任务2

本章小结

　　通过对该项目的学习，读者可了解3ds Max软件制作人物、服饰等不规则造型的建模方法，以及使用Photoshop绘制人物面部、服饰等贴图的技巧。本章对人物五官、头身比例、主题服饰的造型能力要求比较高，需要有一定的动漫美术基础，在制作过程中需要注意多角度的查看和细致的调整，才能最终达到角色造型美观的效果。

第四章

沃柑宝宝动画制作

简介（微课）

项目介绍

制作好民族特色场景和 IP 角色后，我们将为角色模型制作动画效果，这样在后期的 VR 互动中，IP 角色就可以根据观看者的指令做出相应动作。本项目将在做好的民族 IP 角色三维模型上搭建骨骼、绑定蒙皮，最终完成简单动画的制作。

项目目标

素质目标

1. 树立数字文化思维。

2. 培养学生独立思考的能力，培养综合运用的能力。

3. 培养学生思考问题、发现问题、解决问题的能力。

知识目标

1. 理解民族 IP 角色骨骼搭建方法。

2. 了解骨骼蒙皮方法及技巧。

3. 了解 K 帧动画基础理论。

能力目标

1. 能够根据 IP 角色进行全身骨骼的搭建。

2. 能够为 IP 角色的骨骼进行蒙皮。

3. 能够完成 IP 角色的简单动画。

任务一　IP 角色骨骼创建

一、任务前导

20 世纪 90 年代之前，国产动画电影主要依靠手绘画面、逐格拍摄制作完成。90 年代后计算机技术的兴起让动画制作方式更为多样，制作上已经突破传统手绘方式以及单线平涂，形成以计算机技术为基础的电脑动画制作，大幅提高了动画电影作品的制作效率。

本次任务将使用 3ds Max 软件，在制作好的模型上搭建骨骼，如同真实人类需要骨骼才能活动一样，三维虚拟角色也同样是通过骨骼的绑定才能实现后期动画的制作，在本任务中主要学习 3ds Max 软件中 Biped 骨骼系统，这种骨骼已经按照生物的基本活动原理进行了一系列的设置，是新手更容易理解和快速绑定骨骼的工具。

沃柑宝宝 IP 形象骨骼搭建流程

沃柑宝宝 IP 形象骨骼搭建流程如表 4-4-1 所示。

表 4-1-1　沃柑宝宝 IP 形象骨骼搭建流程

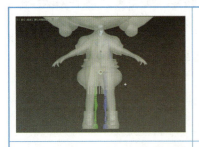	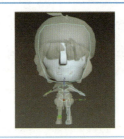	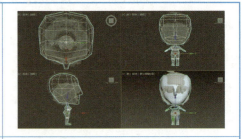
1. 在沃柑宝宝模型上创建 Biped 骨骼	2. 按照沃柑宝宝模型特点缩放 Biped 骨骼，对齐角色一半身体	3. 复制身体的另一半骨骼，向对面粘贴姿态

任务最终效果图

最终效果图如图 4-1-1 所示。

图 4-1-1　最终效果图

二、任务知识储备

什么是骨骼?

骨骼只是泛指的一类机械关节,你可以使用 3ds Max 的骨骼系统——Biped,也可以自己创建几个 Box 作为骨骼,总之只要骨骼能适应角色网格,并可以通过 IK 链的设计表现出满意的 IK 效果即可。图 4-1-2 所示为自建骨骼,图 4-1-3 所示为 Biped 骨骼。

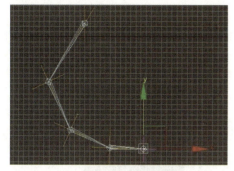

图 4-1-2　自建骨骼

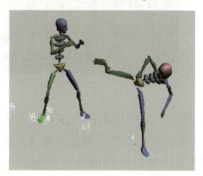

图 4-1-3　Biped 骨骼

角色动画常用的 Biped 骨骼系统

Biped 骨骼系统有自己的关节绑定和反向运算器,不需要我们再手动添加 IK 解算器,并且可以直接移动 Biped 的末端骨骼来制作动画,不需要添加效应器,相关的关节限制也根据实际人物进行了设置,如图 4-1-4 所示。

为了适配不同的两足动物,需要对默认的骨架进行一定的调整。例如,选中一块 Biped 骨骼,在"运动"→"参数面板"中单击 Biped 编辑模式,选择"中体型"模式,进入体型调整,同时下方的卷展栏变为体型调整功能卷展,动画相关的功能将不显示,如图 4-1-5 所示。

图 4-1-4　Biped 骨骼系统

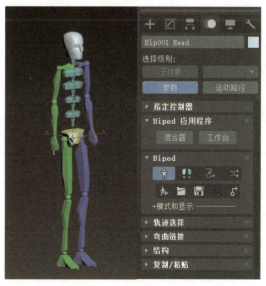

图 4-1-5　对默认骨骼进行调整

在结构卷展中我们可以对 Biped 关节结构进行设置,如表 4-1-2 所示。

表 4-1-2   对 Biped 关节结构进行设置

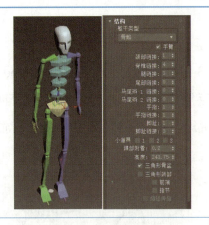	包括颈椎、腰椎、手臂、腿部、手指、脚趾、展开马尾骨、展开尾骨等结构调整
参数只能在一定范围内进行调整，不能随意更改，例如腿部关节只能是 3 或 4，我们可以根据实际两足角色的需要，灵活调整 Biped 骨骼结构	

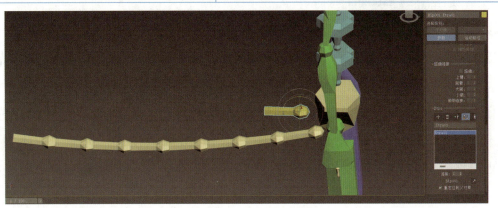

💡 **想、查、悟**

想一想，如果要为非人类动物，如水生动物、四足大型动物等搭建 Biped 骨骼，可以吗？该如何实现？

三、制作流程

1. 打开 3ds Max 软件，导入沃柑宝宝 IP 角色模型。框选视图中的模型，按住快捷键 Alt+X 让模型半透明显示，如图 4-1-6 所示。将右上角菜单栏的"选择过滤器"改为"骨骼"，"参考坐标系"改为"局部"，如图 4-1-7 所示。

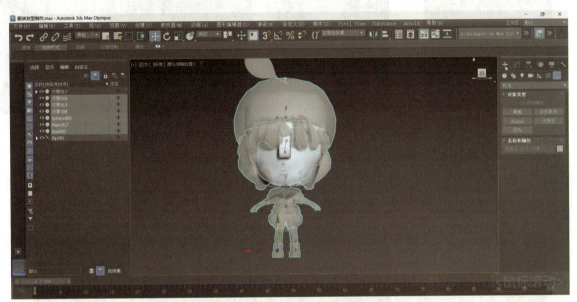

图 4-1-6　让模型半透明显示

图 4-1-7　调整成"骨骼"和"局部"

2. 在"命令面板"的"创建"中找到"系统"选择"Biped"，如图 4-1-8 所示。在角色模型双脚中心位置往上拉出 Biped 骨骼，直到模型肩膀与骨骼锁骨对齐，如图 4-1-9 所示。

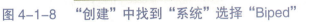

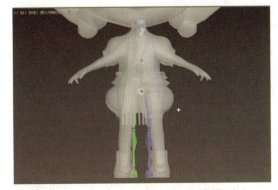

图 4-1-8　"创建"中找到"系统"选择"Biped"　　图 4-1-9　模型肩膀与骨骼锁骨对齐

3. 在"命令面板"的"运动"中找到"Biped"，单击"体型模式"，如图 4-1-10 所示。同时选中视图中的右大腿骨和右小腿骨，利用"选择并均匀缩放"进行长度调整。框选胯骨进行宽度调整。选中上左臂骨，利用"选择并旋转"将其旋转到与模型手臂匹配的角度，再利用"选择并均匀缩放"调整其长、宽、高。右骨骼同理进行调整，如图 4-1-11 所示。

 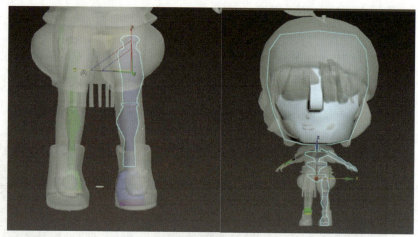

图 4-1-10　进入"体型模式"　　　图 4-1-11　根据模型调整头部、身体及右边手脚的骨骼长度

4.框选右侧的骨骼与中心的骨骼，在"复制/粘贴"中找到"创建集合"，单击"复制姿态"，单击"向对面粘贴姿态"，再次对骨骼进行调整，直到骨骼与模型匹配，最终效果如图 4-1-12 所示。

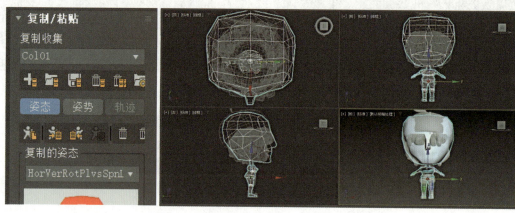

图 4-1-12　调整好全身骨骼的分布

四、任务自评

任务一　"IP 角色骨骼创建"自评表

评价名称	评价标准	自评
基础知识	完成"任务前导"和"想、查、悟"等模块的任务	全部完成□ 部分完成□ 没有完成□
产品质量	1.了解沃柑宝宝的身体造型特点。 2.能够完成 Biped 骨骼拉出。 3.根据沃柑宝宝身体造型调整 Biped 骨骼到合适的位置	完全一致□ 部分一致□ 完全不一致□
行业规范	1.操作符合 VR 全景动漫师行业标准。 2.计算机、数位板等设备使用合理，清洁工作台。 3.任务保质保量，在规定时间内完成	符合要求□ 部分符合要求□ 不符合要求□

任务二　蒙皮与封套制作

一、任务前导

一部优秀的 VR 动画作品可以从很多方面体现出匠心，比如人物、场景建模的细致度，人物动作的流畅感等。在本次任务中，我们将在搭建好的骨骼的基础上，为模型和骨骼之间制作连接，让"皮"跟着"骨头"运动，这就是所谓的蒙皮和封套，我们在制作的过程中要秉承工匠精神，细致地检查每个动作，观察模型有没有穿模或是错误褶皱的现象。

沃柑宝宝 IP 形象蒙皮与封套流程

沃柑宝宝 IP 形象蒙皮与封套流程如表 4-2-1 所示。

表 4-2-1　沃柑宝宝 IP 形象蒙皮与封套流程

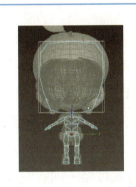		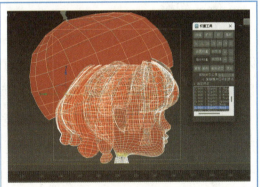
1. 为沃柑宝宝 IP 模型添加蒙皮	2. 编辑封套属性	3. 对每处身体封套进行权重数值调整

任务最终效果图

最终效果图如图 4-2-1 所示。

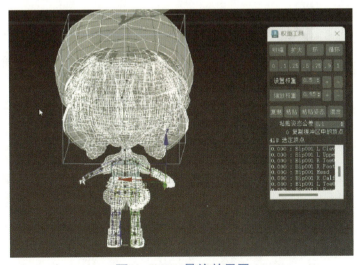

图 4-2-1　最终效果图

二、任务知识储备

什么是蒙皮？

通过创建骨骼，展开"鳍"进行蒙皮，从而带动一些非机械角色实现 IK 动画，并且使用了相同骨骼进行蒙皮的角色，还可以进行动画的复用，蒙皮就是将非机械角色的表面网格，与我们创建好的骨骼进行绑定的一个过程，也是非机械角色动画（例如人物动画）制作的一道重要的工序，由于机械类角色可以直接拆分关节作为 IK 链制作动画，关节之间的转动和滑动也可以通过机械关节的转动、活塞运动进行表现，而非机械角色在制作 IK 动画表现关节运动时并不能直接进行关节的拆分，关节之间的转动和滑动也需要网格的拉伸变形来进行表现，因而我们需要进行蒙皮绑定角色的网格和骨骼，如图 4-2-2所示。

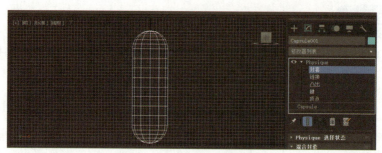

图 4-2-2　蒙皮绑定角色

封装中心会形成绝对作用区域，进入封套子层级选中骨骼，可以看到绝对作用区域的虚拟体。被绝对作用区域包括的物体顶点，将绝对地绑定到骨骼上，跟随骨骼进行 Transfrom 变换。

而绝对区域外部的部分范围会作为相对影响区域，外部深棕色的大胶囊体就是相对影响区域的虚拟体，如图 4-2-3 所示。相对影响区域的顶点会相对绑定到骨骼上，相对影响区域顶点跟随骨骼进行 Transfrom 变换的幅度会根据顶点在相对影响区域的内外位置，逐渐衰减。

相对影响区域的衰减作用在出现竞争时才会体现，即存在多块骨骼的相对影响区域都包括了顶点时，调整封套大小，未出现竞争的范围显示红色，代表该骨骼对此范围顶点的控制作用达到最大。而出现竞争的部分显示橙色，代表存在其他骨骼与该骨骼一同影响此范围，范围内的顶点将根据重合的影响区域的不同决定控制效果。而竞争不过的部分显示蓝色，代表此部分完全受其他骨骼控制，该骨骼的影响范围不足以参与到竞争中，如图 4-2-4 所示。

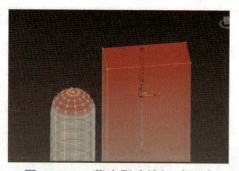

图 4-2-3　蒙皮影响的相对区域

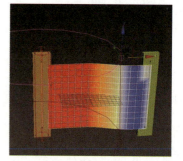

图 4-2-4　相对影响区域的衰减作用

 **想、查、悟**

想一想蒙皮和封套的原理，我们应该怎样对角色的骨骼蒙皮做合理的封套值设置？

三、制作流程

1. 将右上角菜单栏的"选择过滤器"改为"几何体"，选中角色模型，如图 4-2-5 所示。在"命令面板"中单击"修改" 并选择"蒙皮"，在"参数"中选择"骨骼：添加"，并选中"顶点"，如图 4-2-6 所示。

制作（微课）

图 4-2-5　选中角色模型

图 4-2-6　添加蒙皮，选中"顶点"

2. 单击"全部选择"，按住 Ctrl 键剔除多余的模型，只保留骨骼，完成后单击"选择"按钮，单击"编辑封套"，勾选"顶点"，在"显示"中勾选"不显示封套"，如图 4-2-7 所示。

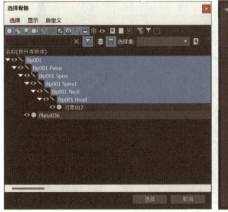

图 4-2-7　编辑封套

3. 在"权重属性"的"权重解算器"下单击"..."出现"测地线体素解算器"对话框，其中，最大分辨率选为512，单击"应用"按钮，如图4-2-8所示。在主工具栏的"选择过滤器"列表中选择"骨骼"，如图4-2-9所示。

图 4-2-8　调整权重属性

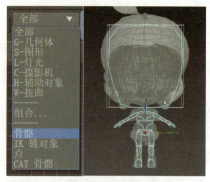

图 4-2-9　在"选择过滤器"中选择"骨骼"

4. 取消"编辑封套"框，选中骨骼右击，出现"对象属性"对话框，取消勾选"渲染控制"下的"可渲染"，勾选"显示属性"下的"显示为外框"，单击"确定"按钮，如图4-2-10所示。

5. 在主工具栏的"选择过滤器"列表中选择"G-几何体"，框选角色模型，如图4-2-11所示。单击"编辑封套"，单击角色头部模型里的黑色骨节点，框选头部模型，权重数选择1，在头部与脖子的交界处权重数为0.5，头部以外的权重数为0，如图4-2-12所示。

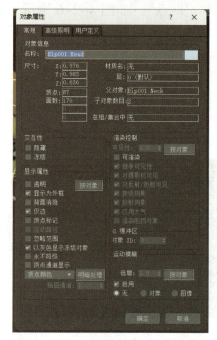

图 4-2-10　设置封套的对象属性

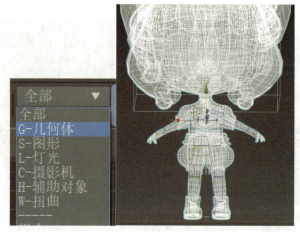

图 4-2-11　选择全部模型

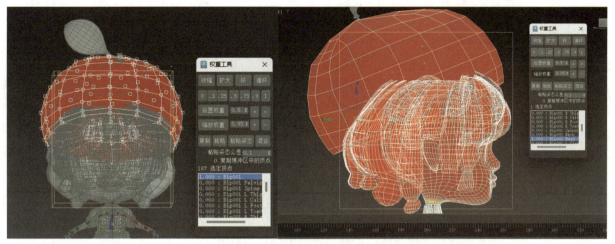

图 4-2-12　编辑头部封套数值

6.除了骨骼 Bip001（质心）以外，其他骨骼按照上述方法编辑，如图 4-2-13 所示。刷完权重后取消"编辑封套"，将右上角菜单栏的"选择过滤器"改为"全部"，单击任意骨骼，利用"选择并移动""选择并旋转"进行骨骼移动、旋转测试并重新调整错误权重，直到所有骨骼的移动、旋转模型都正常，如图 4-2-14 所示。

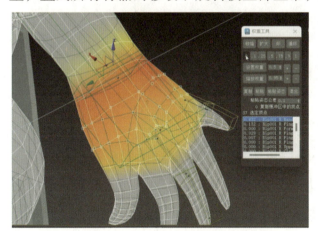

图 4-2-13　调整手部骨骼权重

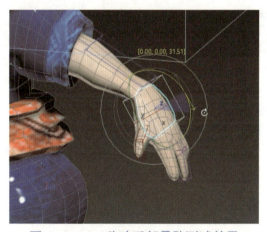

图 4-2-14　移动手部骨骼测试效果

企业经验： 除此之外还有另一种方法，刷完左右任意一侧的骨骼（包括中心的骨骼）后找到"镜像参数"，单击"镜像模式"按钮，如骨节点正常显示为左绿、右蓝，如骨节点错误显示为红色。如骨节点错误，将"镜像阈值"调大数值直到骨节点完全显示为蓝色、绿色。调整完后框选刷完权重的左/右侧骨骼（包括中心骨），单击"将蓝色粘贴到绿色定点/将绿色粘贴到蓝色定点"，完成后测试骨骼并调整，如图 4-2-15 所示。

图 4-2-15　镜像参数

四、任务自评

任务二 "蒙皮与封套制作"自评表

评价名称	评价标准	自评
基础知识	完成"任务前导"和"想、查、悟"等模块的任务	全部完成□ 部分完成□ 没有完成□
产品质量	1. 了解沃柑宝宝的模型造型与骨骼的特点。 2. 能够完成骨骼的蒙皮制作。 3. 根据沃柑宝宝身体造型调整各部分的封套数值	完全一致□ 部分一致□ 完全不一致□
行业规范	1. 操作符合 VR 全景动漫师行业标准。 2. 计算机、数位板等设备使用合理,清洁工作台。 3. 任务保质保量,在规定时间内完成	符合要求□ 部分符合要求□ 不符合要求□

任务三　人物简单动画制作

一、任务前导

　　近些年来,中国动画发展迅速,优秀动画层出不穷,例如动画电影《长安三万里》,是追光动画公司继"新传说""新神榜"两大系列之后,"新文化"系列的开篇之作,是展现中华文化在当代的自信和力量的作品。其中对诗歌《将进酒》的 3 分半动画片段的制作,主创团队就花了近两年时间,李白泼酒变水,水中现鹤,巨鹤驮起李白,李白又带上高适、杜甫、岑夫子、丹丘生……诗人们乘着翱翔的巨鹤飞到天上,随之勾勒出"疑是银河落九天"的场景,极尽诗仙的狂放和浪漫。整部电影的镜头、表演、特效、配音都反复打磨,与"诗意"相得益彰。还有很多的中国动画团队秉持着"中国团队、为中国观众、做中国故事"的定位,推出很多精彩的动画作品,在传承中华优秀传统文化的同时,也受到了广大观众的认可和喜爱。

　　本次任务,我们将为绑好骨骼的民族 IP 角色——沃柑宝宝制作三个简单动作动画,这需要使用到我们之前学过的《动画运动规律》中人物动作规律等内容,确定好动作关键点后,我们将利用 3ds Max 软件制作出相应动画。调整动画需要足够的耐心和细致,想让一个动作流畅且生动,需要身体各关节、服饰装备的协调一致,不能出现不合理的姿态或物品穿模等问题。

动画规律分解草图

动画规律分解草图如图 4-3-1 所示。

（a）

（b）

（c）

图 4-3-1 动画规律分解草图

（a）走路动作分解图；（b）招手动作分解图；（c）蹦跳动作分解图

沃柑宝宝 IP 形象 K 动画制作流程

沃柑宝宝 IP 形象 K 动画制作流程如表 4-3-1 所示。

表 4-3-1 沃柑宝宝 IP 形象 K 动画制作流程

1. 添加足迹动画并调整走路姿态	2. 打开自动关键点，根据招手动作调整角色骨骼位置	3. 根据蹦跳动作调整角色下蹲、跳起、落地等姿态

最终动画效果图

最终动画效果图如图 4-3-2 所示。

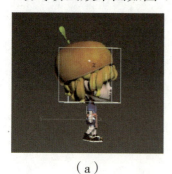　　

（a）　　　　　　　　　　（b）　　　　　　　　　　（c）

图 4-3-2　最终动画效果图

（a）走路动画；（b）招手动画；（c）蹦跳动画

二、任务知识储备

K 动画会用到的基本工具

K 动画会用到的基本工具如表 4-3-2 所示。

表 4-3-2　K 动画会用到的基本工具

基本工具
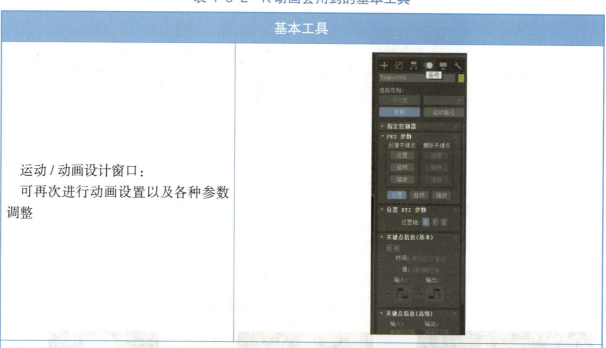
运动 / 动画设计窗口： 可再次进行动画设置以及各种参数调整

时间滑块： 可调整关键帧位置，快速创建关键帧，按住 Ctrl 键 +Alt 键 + 鼠标右键拖动滑动条可快速进行动画总时长的配置

续表

基本工具
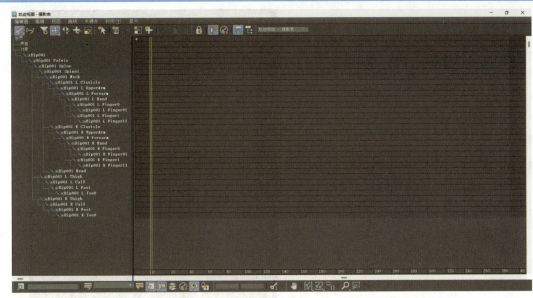

轨迹视图：

轨迹视图中有繁多的属性，这些属性，一是来自场景中的物体，二是来自场景本身。通过赋予关键帧各种属性并设置插值曲线来完成动画的制作

过滤器：

可以让轨迹视图中仅显示特定的动画属性。可通过选定过滤切换，仅显示选中的一部分可用动画属性

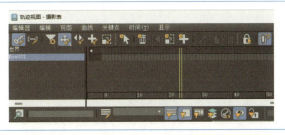

关键帧：

动画的基本原理是添加关键帧，关键帧包括时间节点和属性参数，通过在关键帧与关键帧之间对关键点包含的属性参数进行差值来生成动画

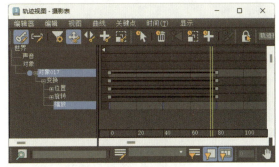

自动关键帧：

通过时间滑块的"自动关键点"按钮开启，开启后移动滑块到对应的帧上，改变物体的可用动画属性，将会自动创建出关键帧，且针对任意属性添加第 1 个关键帧时，默认将在 0 帧创建出一个关键帧并记录物体的初始可用动画属性的参数，即初次改变任意可用动画属性产生的第 1 个关键帧会和 0 帧进行差值，此后再次修改属性参数而产生的关键帧会在对应位置和之前 / 之后的关键帧进行差值

制作（微课）

续表

基本工具
时间配置： 可通过时间配置面板修改包括每帧时长、显示时长、动画起止帧等与动画时间相关的属性 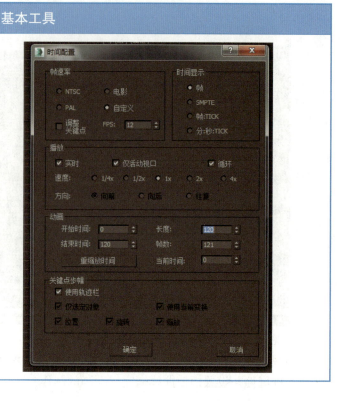

 想、查、悟

你想为沃柑宝宝设计怎样的角色动画呢？根据运动规律把每个动作的分解图画出来吧。

_____

_____

三、制作流程

制作足迹动画

1. 打开 3ds Max 软件，导入已蒙皮并封套好的沃柑宝宝 IP 模型。在主工具栏的"选择过滤器"列表中选择"骨骼"，选择模型中搭建好的沃柑宝宝的骨骼，如图 4-3-3 所示。

图 4-3-3　选择沃柑宝宝的骨骼

2. 在"命令面板"中选择"运动"，在"Biped"中找到"足迹模式"，单击后在"足迹创建"中选择"创建多个足迹"，足迹数改为 15，完成后在第 0 帧的时候在"足迹创建"中单击"创建足迹"，如图 4-3-4 所示。

图 4-3-4　创建并设置足迹

3. 要想进一步编辑走路姿态，需要全选视图中的足迹，在"足迹操作"中找到"为非活动足迹创建关键点"。选择角色骨骼，在"Biped"中单击"转化为自由模式"并单击"确定"按钮，如图 4-3-5 所示。

图 4-3-5　为走路足迹动画创建关键帧

4. 测试角色行走时发现一个问题，那就是人物手臂紧紧嵌在身体里，动作不自然。要想解决这个问题，首先单击 自动 打开"自动关键帧"，选中"骨骼"中的左手掌骨，在行走时左手掌骨摆动到最高处的一帧时进行位置调整，利用"选择并移动"把手掌骨的位置向左、右、前、后、上、下移动直到行走时摆动协调，右手掌骨按同样方法调整，如图 4-3-6 所示。

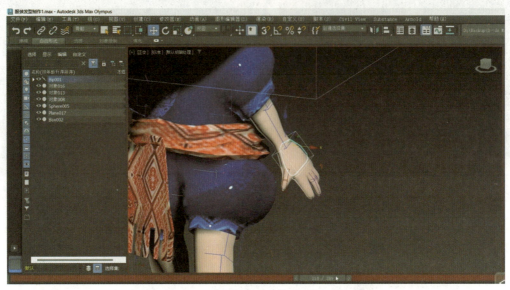

图 4-3-6　调整走路时手的摆动位置

5. 走路动画结束后，需要调整身形至站立状态。选择行走动作结束后的第 15 帧，框选"骨骼"中的左脚掌骨，利用"选择并移动"向下移动直至脚放平，如图 4-3-7 所示。框选左手掌骨，利用"选择并移动"向前、后调节位置至大腿外侧旁，右手掌骨同理。框选胯骨、脊梁骨，利用"选择并旋转"向左、右进行旋转调整直到胯骨、脊梁骨摆正，足迹动画制作完成，如图 4-3-8 所示。

图 4-3-7　把左脚放平

图 4-3-8　调整成立正站姿

制作招手动画

1. 打开 3ds Max 软件，导入角色模型。在右下方找到"时间配置" ，将"动画"的"结束时间"调整为 180，单击"确定"按钮，如图 4-3-9 所示。

2. 将右上角菜单栏的"选择过滤器"改为"骨骼" 骨骼 ，单击 自动 打开"自动关键帧"，全选骨骼，单击"运动" 下的"参数"，单击 Biped 下的体型模式，如图 4-3-10 所示。

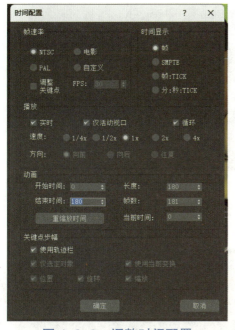

图 4-3-9　调整时间配置

图 4-3-10　选择全身骨骼

企业经验： 使用自动关键帧时需要注意，当物体进行旋转时，其旋转可以围绕 x、y、z 三个轴进行。在 3ds Max 中，EulerAngle 控制器用于展开并分别控制物体绕 x、y、z 轴的旋转角度。所以，打开自动关键帧仅旋转 z 轴，会发现 x、y 轴对应位置添加了无用的关键帧，一个好的习惯是经常删除那些无用的关键帧，以免产生不必要的麻烦。

3. 在第 0 帧框选"骨骼"中的左 / 右手掌骨，用"选择并移动"把左 / 右手掌骨移动到身体两侧。然后将时间轴拉到第 10 帧，选中右臂骨向上移动并旋转，依次选择右锁骨、手掌骨、手指骨进行调整，让角色处于向上挥手姿态，如图 4-3-11 所示。依次选中脊梁骨、头骨，将它们向左侧微微倾斜，如图 4-3-12 所示。

图 4-3-11　移动和旋转肩膀和手臂呈举手姿态

图 4-3-12　向左倾斜身体

4. 在第 15 帧选中手臂骨、手掌骨向左侧转动，全选右手臂骨、手掌骨，按住 Shift 键将第 10 帧复制移动到 20 帧，完成一次完整挥手动作，如图 4-3-13 所示。

5. 框选除手臂骨、手掌骨的所有骨骼，按住 Shift 键将第 0 帧复制移动到第 45 帧，选择第 10、15 帧复制移动到第 20、25、30、35 帧，播放检查并调整招手动画，如图 4-3-14 所示。

图 4-3-13　复制关键帧，完成一次挥手动作

图 4-3-14　完成招手动作

制作蹦跳动画

1. 打开 3ds Max 软件，导入角色模型。在右下方找到"时间配置"![icon]，将"动画"下的"结束时间"调整为 180，单击"确定"按钮，如图 4-3-15 所示。

2. 将左上角菜单栏的"选择过滤器"改为"骨骼" 骨骼 ▼，单击 自动 打开"自动关键帧"。在第 0 帧框选"骨骼"中的左/右手掌骨，用"选择并移动"

图 4-3-15　设置动画帧数

把左/右手掌骨放下至身体两侧，姿态如图 4-3-16 所示。

3. 蹦跳的动作一开始先是下蹲，所以在确定好地面的位置后，时间轴拉到第 10 帧，将左/右小腿骨往上移动，让角色处于下蹲姿态。然后选中质心，把时间轴拉回第 0 帧单击"K"打上关键帧，在第 10 帧将质心往下移动至脚碰到地面处，测试播放动画，微调动作直至流畅，如图 4-3-17 所示。

图 4-3-16　将双手放下至身体两侧

图 4-3-17　下蹲姿态

企业经验： 在时间标尺上也可以移动关键帧的位置，但会一并移动所有帧位重合的关键帧，若想移动单个属性的关键帧，需要右击设置时间来进行移动。

4. 拉动时间轴到第 20 帧，选择质心往上移动并设置关键帧，再选中小腿骨向下调直，选中右小腿往右侧移动，选中右脚掌骨向后移动，再用"选择并旋转"调整左 / 右脚掌骨，让模型处于上跳姿态，如图 4-3-18 所示。

图 4-3-18　上跳姿态

5. 框选所有骨骼，选中第 10 帧，按住 Shift 键移动复制到第 30 帧，将第 7 帧复制到第 34 帧，第 6 帧复制到第 36 帧，第 0 帧复制到第 40 帧，使角色跳回地面，如图 4-3-19 所示。

图 4-3-19　复制前面的关键帧到时间轴相应位置

6. 选中左臂骨，在第 30 帧向上移动并旋转，再选择左锁骨、手掌骨、手指骨进行调整，让角色做出左手向上伸，右手环腰的姿态，如图 4-3-20 所示。

7. 选中头骨，在第 10 帧用"选择并旋转"向下旋转，让角色处于低头状态，如图 4-3-21 所示。

图 4-3-20　上半身姿态

图 4-3-21　调整角色头部处于低头姿态

8. 检查发现，角色腰上的花蔓在下蹲动作中有穿模，所以在下蹲的关键帧上将花蔓移动旋转至身前，如图 4-3-22 所示。

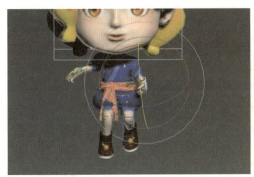

图 4-3-22　解决布料穿模问题

9. 做完一个蹦跳循环，如果想做连续蹦跳，可以全选骨骼，再全选关键帧，按住 Shift 键将关键帧复制平移至第 80 帧、120 帧处，蹦跳动画完成并导出，如图 4-3-23 所示。

图 4-3-23　复制蹦跳循环，完成动画并导出

四、任务自评

任务三　"人物简单动画制作"自评表

评价名称	评价标准	自评
基础知识	完成"任务前导"和"想、查、悟"等模块的任务	全部完成□ 部分完成□ 没有完成□
产品质量	1. 理解 K 动画的基本操作方法。 2. 能够完成足迹动画的制作。 3. 能够完成蹦跳及招手的动作制作	完全一致□ 部分一致□ 完全不一致□
行业规范	1. 操作符合 VR 全景动漫师行业标准。 2. 计算机、数位板等设备使用合理，清洁工作台。 3. 任务保质保量，在规定时间内完成	符合要求□ 部分符合要求□ 不符合要求□

岗课赛证拓展

全国技能大赛"动漫制作"赛题

主题：未来生活

内容概要：

在未来世界，机器人已经深入人类生活的各个方面，成为我们日常生活中不可或缺的一部分。在这个世界里，有一类特殊的机器人，名叫小舟，是一种智能助理机器人，它的主要职责就是帮助人们完成各种日常任务。无论是处理日常文书工作、管理日

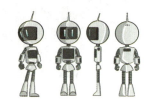

程，还是进行简单的家务活动，小舟都能够轻松胜任。

某天上午，天气晴朗。小舟 2 号（男）从充电桩上走下来，扫描整个房间，看到小舟 1 号（女）还在充电，同时发现房间内部脏乱。于是，它开始着手打扫……在短时间内完成了房间内部清洁的工作。

模块二　动画短片制作

任务 5：分镜设计

根据主题内容描述，使用之前制作的小舟 1 号和提供的小舟 2 号角色模型及模块一场景完成动画分镜设计；要合理运用镜头语言，数量不少于 2 个镜头、12 个画面。

提交要求：

内容	文件	命名方式及要求	保存路径
分镜	动画分镜	1. 将所有分镜画面放在一个文档中并转换成 pdf 格式，形式参考样例； 2. 命名：未来生活分镜 .pdf	D:\ 工位号 \ 模块二 \ 任务 5

任务 6：三维动画制作

要求完成角色绑定、蒙皮权重设置，按照模块二任务 5 绘制的分镜，使用模块一制作的场景搭建环境，制作角色走路、环视等动作。

提交要求：

内容	文件	命名方式及要求	保存路径
视频	序列帧文件夹或动画视频	1. 序列帧文件夹命名：小舟 2 号_走路，小舟 2 号_环视…… 2. 动画视频命名：小舟 2 号_走路 .mp4，小舟 2 号_环视 .mp4…… 3.H.264 格式，帧速率为 25 帧 /s，分辨率为 1920px × 1080px	D:\ 工 位 号 \ 模块二 \ 任务 6
源文件	三维工程文件	命名：小舟 2 号_走路 .fbx，小舟 2 号_环视 .fbx……	D:\ 工 位 号 \ 模块二 \ 任务 6

本章小结

通过本项目的学习，读者可了解 3ds Max 软件搭建骨骼、蒙皮和封套，最终制作出三维动画的方法。本案例操作难度较大，如骨骼的匹配、蒙皮封套的设置、K 动画的调整等，都需要极其耐心和细致的操作才能达到理想的效果，在制作过程中可培养读者勤于思考、精益求精的工匠精神，使他们养成良好的职业习惯。

第五章

UE4 交互制作

项目介绍

    在数字化浪潮的推动下，VR（虚拟现实）技术正逐渐渗透到我们生活的方方面面。而在这股浪潮中，一种令人瞩目的趋势正在悄然兴起——VR 技术与传统文化的结合。这种结合不仅为传统文化的传承注入了新的活力，也为数字文化的树立提供了全新的视角。比如，VR 技术在还原传统建筑、传统绘画、古代文物等领域得到了广泛应用。通过 VR 技术，人们可以"穿越"回古代，身临其境地欣赏那些已经消失或即将消失的文明。这种体验不仅让人们感受到传统文化的博大精深，也为数字文化提供了宝贵的资源。

    本项目将使用 Unreal Engine4（虚幻引擎 4）软件，为铜鼓博物馆制作灯光、材质、各种交互效果。项目最终效果图如图 5-0-1 所示。

图 5-0-1　项目最终效果图

简介（微课）

项目目标

素质目标

1. 树立数字文化创意的新理念，拥有 VR 传承非遗文化的新思维、新方式。

2. 传承古代工匠铸造铜鼓的"精通技术、力求精致、崇尚精美"的"三精"精神。

知识目标

1. 理解 UE4 页面布局特点，掌握 UE4 基础操作。

2. 学会将模型导入 UE4 并处理材质的方法。

3. 掌握 UE4 中灯光创建方法。

4. 掌握 UE4 的 UI 布局及交互效果制作方法。

5. 学会制作 UE4 中模型人物交互效果。

6. 掌握 UE4 中音、视频播放交互制作方法。

7. 掌握作品导出及搭建 VR 设备方法。

能力目标

1. 能够在 UE4 中进行基础操作。

2. 能够将模型导入 UE4，并处理材质。

3. 能够为场景创建灯光。

4. 能够制作 UI 并具有交互效果。

5. 能够制作 UE4 中模型人物交互效果。

6. 能够制作 UE4 中音、视频播放交互效果。

7. 能够将作品导出并搭建 VR 设备，在设备上使用作品。

8. 操作能够符合 VR 全景动漫师行业标准，设备使用合理。

任务一　UE4 打开项目及作品导入

一、任务前导

　　VR 技术与传统文化的交融，使铜鼓这一古老的民族手工艺品在 VR 技术的加持下焕发出新的生机。观众只需佩戴 VR 设备，就能身临其境地置身于存放铜鼓文物的博物馆，与先人的艺术进行"面对面"的交流。

　　本次任务，让我们开始尝试使用 UE4 软件，学会如何打开铜鼓博物馆素材项目，然后将铜鼓模型导入场景中，最终完成铜鼓模型在 UE4 中材质的制作。使用 UE4 制作铜鼓博物馆交互，是"技术 + 文化"的一次新尝试，用 VR 传承和展现民族传统文化，树立数字文化的新理念。

UE4 打开项目及作品导入流程

UE4 打开项目及作品导入流程如表 5-1-1 所示。

表 5-1-1　UE4 打开项目及作品导入流程

作品导入		

1. 导入模型	2. 放入场景	3. 材质调整

任务最终效果图

任务最终效果图如图 5-1-1 所示。

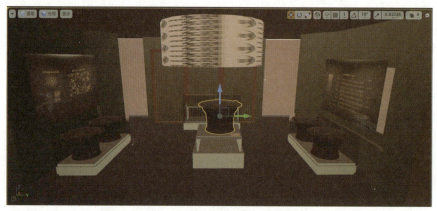

图 5-1-1　任务最终效果图

二、任务知识储备

什么是 UE4?

UE4 全称为 Unreal Engine4,中文全称为虚幻引擎 4,是由 Epic Games 公司推出的一款游戏开发引擎,相比其他引擎,虚幻引擎不仅高效、全能,还能直接预览开发效果,赋予了开发商更强的能力。当下比较热门的游戏,如《绝地求生》《和平精英》等都使用 UE4 开发。使用 UE4 开发的游戏支持游戏机、PC、手机等多平台运行,语言使用 C++、JS,源代码开源,UE4 可视化蓝图编程的特色深受学习者、使用者喜爱。

虚幻引擎常应用于游戏、虚拟现实、影视制作等领域。

UE4 强大的功能

64 位色高精度动态渲染管道——超强逼真渲染效果;

可视化蓝图编程——无代码可视化创作,包含完整的 C++ 源代码;

多人创作框架——开箱即用；

VFX 与粒子系统——（特效制作）Niagara 和级联；

强大的材料系统能够在实时图形界面中建立任何复杂的实时材质；

动画系统——包括骨骼动画系统；

电影级后期处理效果 Sequencer 过场动画；

地形与植被——可建模或与 GIS 结合；

与 VR、AR、MR 创建更方便。

新建项目选择模板

打开 UE4 后，便出现模板选择，根据需要做的游戏的特点选择相应的模板，就可以开始制作，如图 5-1-2 所示。模板主要有空白、第一人称游戏、飞行类游戏、拼图类游戏、滚球类游戏、第三人称游戏、俯视角游戏、双摇杆射击类游戏、手持式 AR 应用、横版过关游戏、2D 横板过关游戏、载具类游戏、虚拟现实应用、高级载具类游戏。

图 5-1-2　选择模板

项目存储

选择项目存储的位置，不要存放在桌面上，如图 5-1-3 所示。进行项目命名，需要使用英文命名，不可出现中文。

界面介绍

单击"创建项目"按钮后，进入 Unreal Engine4 关卡编辑窗口（由多个面板构成），该窗口称为关卡编辑

图 5-1-3　选择项目存储的位置

器，如图 5-1-4 所示。

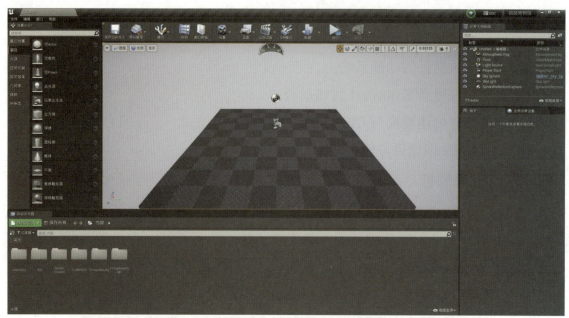

图 5-1-4　UE4 关卡编辑器

UE4 编辑界面面板介绍：

①菜单栏，包含文件的打开与保存等功能。

②工具栏，包含常用工具，如保存、蓝图、构建、播放等。

③模式栏，主要有四种模式：放置模式、描画模式、地貌模式、植被模式。

④内容浏览器，文件的存放和查找主要通过这个浏览器进行。

⑤主视口，用于在场景关卡中操作和即时演算。

⑥世界大纲，所有在场景关卡中存在的物体都会在世界大纲中显示，可以用文件夹对世界大纲的物体进行整理、搜索和使用。

⑦细节属性栏，用于修改物体的细节属性和参数调整。

 想、查、悟

你是否体验过虚拟现实，感受如何，将你的体验和感受写下来吧。

三、制作流程

1. 打开 UE4 图标，单击"更多"按钮，如图 5-1-5 所示。

图 5-1-5　新建项目，单击"更多"按钮

2. 进入"打开现有项目"，单击右下方"浏览"按钮，打开电脑中的素材"铜鼓博物馆 .uproject"，如图 5-1-6 所示。

图 5-1-6　打开"铜鼓博物馆"素材项目

3. 在"内容浏览器"下创建文件夹并命名为"museum"，在"museum"中继续创建 1 个文件夹命名为"TongGu_Model"，如图 5-1-7 所示。

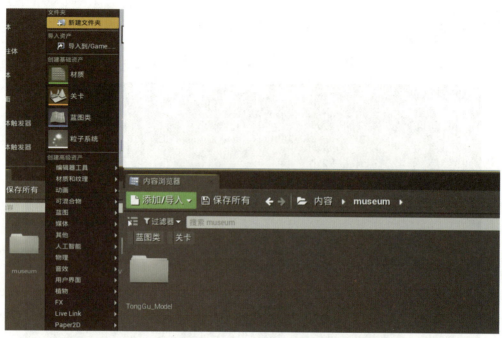

图 5-1-7　创建文件夹

企业经验：UE4 中文件夹和关卡命名不可出现中文，不然无法导出。

4. 进入"TongGu_Model"文件夹，单击"内容浏览器"中"添加 / 导入"按钮，将资产导入到该文件夹，选择"完整鼓"导入文件，在"FBX 导入选项"对话框中，不勾选"生成缺失碰撞"，勾选"合并网格体"，单击"导入所有"按钮完成。导入成功后，在"TongGu_Model"文件夹中得到模型"完整鼓"，材质"02_-_Default""03_-_Default""Material_26"，贴图"wa_normal""法线鼓_normal""蛙_底纹""鼓_底纹"，如图 5-1-8 所示。

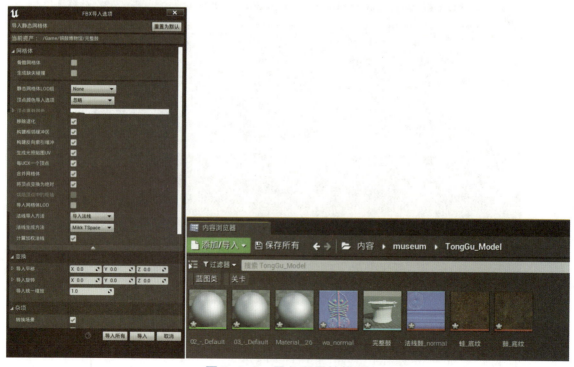

图 5-1-8　导入所需的模型

5. 将铜鼓模型"完整鼓"从文件夹中拖曳到主视口的场景中，放置在展台上，如图 5-1-9 所示。

6. 单击场景中的铜鼓模型，在右侧"细节"面板中选择"静态网格体组件（继承）"，找到"材质"卷展栏，双击"元素 0"右侧的白球示例图进入材质蓝图，如图 5-1-10 所示。

图 5-1-9　将模型拉入场景

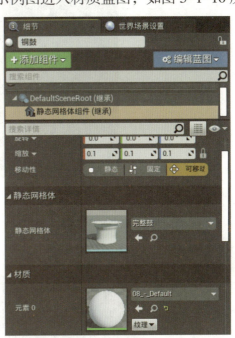

图 5-1-10　双击进入材质蓝图

7. 在材质蓝图空白处，右击输入"param"后选择"ScalarParameter"，调出"Param"节点，重复操作，再调出一个"Param_1"节点，如图 5-1-11 所示。

图 5-1-11　调出节点

8. 在材质蓝图空白处，右击输入"app"后，选择"AppendVector"，调出"Append"节点。将"Param"节点连接"Append"节点的"A"接口，"Param_1"节点连接"Append"节点的"B"接口，如图 5-1-12 所示。

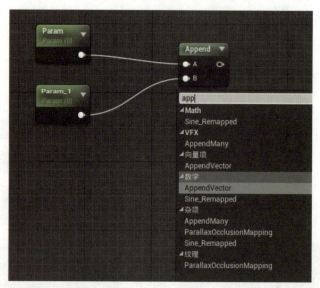

图 5-1-12　连接节点与接口

9. 在材质蓝图空白处右击输入 "texcoord" 后，选择 "TextureCoordinate"，调出 "TexCoord[0]" 节点，如图 5-1-13 所示。

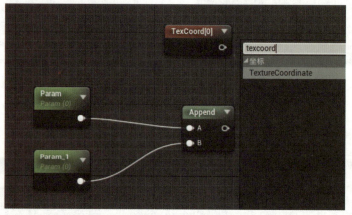

图 5-1-13　调出 "TexCoord[0]" 节点

10. 在材质蓝图空白处右击输入 "multiply" 后，选择 "Multiply"，调出 "Multiply" 节点。将 "TexCoord[0]" 节点连接 "Multiply" 节点的 "A" 接口，将 "Append" 节点连接 "Multiply" 节点的 "B" 接口，如图 5-1-14 所示。

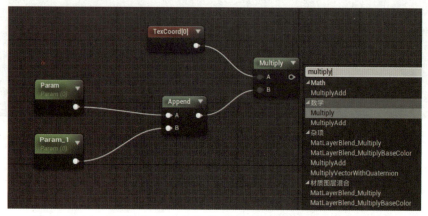

图 5-1-14　调出 "Multiply" 节点并将其接口与其他节点连接

11. 在下方"内容浏览器"中找到"TongGu_Model"中的"蛙_底纹"贴图，直接拖曳到铜鼓模型材质蓝图中，变成"Texture Sample"节点，将"Multiply"节点连接"Texture Sample"节点的"UVs"接口，将"Texture Sample"节点的"RGB"接口连接"NewMaterial"节点的"基础颜色"接口，如图 5-1-15 所示。

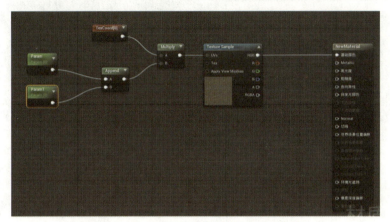

图 5-1-15　设置模型的位置颜色值

12. 在下方"内容浏览器"中找到"TongGu_Model"中的"wa_normal"贴图，拖曳到铜鼓模型材质蓝图中，变成"Texture Sample"节点，将"Texture Sample"节点的"RGB"接口连接"NewMaterial"节点的"Normal"接口，如图 5-1-16 所示。

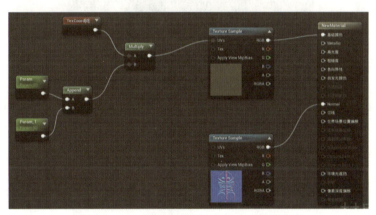

图 5-1-16　设置输出纹理中的颜色值

13. 在"NewMaterial"节点中，鼠标右击"Metallic"，选择"提升为参数"，调出"Metallic"节点，将其变为可手动更改参数。重复以上操作，鼠标右击并拖曳出"粗糙度"节点，如图 5-1-17 所示。

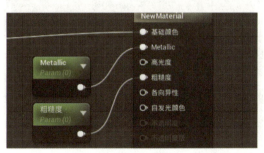

图 5-1-17　设置金属度和粗糙度

14. 调整贴图位置，单击"Param"节点，在左侧"细节"面板的"材质表达式标量参数"卷展栏中，将"默认值"参数调整为 3.2。重复以上操作，将"Param_1"节点"默认值"参数调整为 3.2，如图 5-1-18 所示。贴图位置最终效果图如图 5-1-19 所示。

图 5-1-18　设置常量采用的初始值

图 5-1-19　贴图位置最终效果

15. 调整金属度和粗糙度，单击如图 5-1-20 所示的"Metallic"节点，在左侧"细节"面板的"材质表达式标量参数"卷展栏中将"默认值"参数调整为 1。单击"粗糙度"节点，将"默认值"参数调整为 0.5。

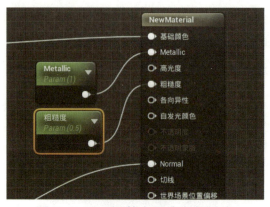

图 5-1-20　调整金属度和粗糙度

16. 再次单击场景中铜鼓模型，在右侧"细节"面板中选择"静态网格体组件（继承）"，找到"材质"卷展栏，双击"元素 1"右侧的白球示例图进入材质蓝图。将"元素 1"沿用"元素 0"的材质蓝图，单击"Texture Sample"节点中的贴图，在右侧"细节"面板找到"材质表达式纹理 Base"卷展栏，将其更换为"法线鼓 _normal"，如图 5-1-21 所示。

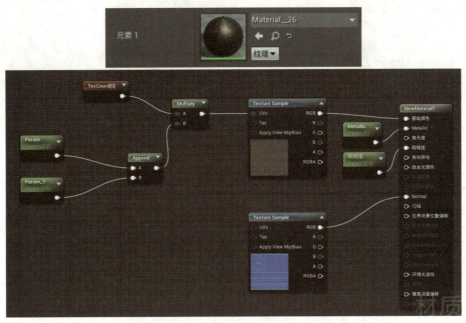

图 5-1-21   更换模型的位置贴图

17. 重复上一步操作，将"元素 2"沿用"元素 0"的材质蓝图，单击"Texture Sample"节点中的贴图，在右侧"细节"面板找到"材质表达式纹理 Base"卷展栏，将其更换为"法线鼓 _normal"，如图 5-1-22 所示。

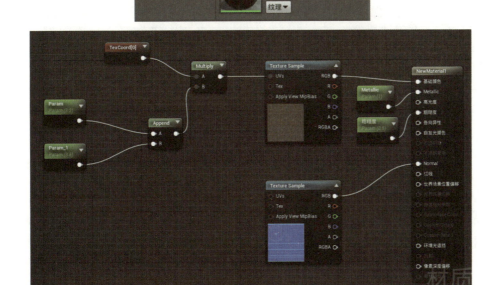

图 5-1-22   更换模型的位置贴图

18. 单击场景中的铜鼓模型，在左侧"细节"面板"静态网格体"卷展栏中双击"静态网格体"右侧的铜鼓图像，进入窗口看到最终效果，如图 5-1-23 所示，至此作品导入完成。

 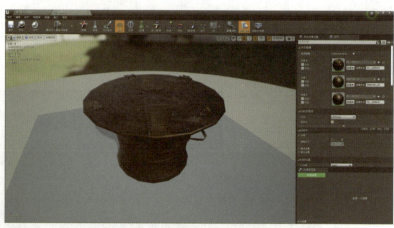

图 5-1-23　查看贴图最终效果

四、任务自评

任务一　"UE4 打开项目及作品导入"自评表

评价名称	评价标准	自评
基础知识	完成"任务前导"和"想、查、悟"等模块的任务	全部完成□ 部分完成□ 没有完成□
产品质量	1. 能够在 UE4 中正确导入铜鼓模型。 2. 能够正确处理铜鼓模型材质，与最终效果一致	完全一致□ 部分一致□ 完全不一致□
行业规范	1. 操作符合 VR 全景动漫师行业标准。 2. 计算机、数位板等设备使用合理，清洁工作台。 3. 任务保质保量，在规定时间内完成	符合要求□ 部分符合要求□ 不符合要求□

任务二　灯光制作

一、任务前导

VR 技术凭借其独特的沉浸式体验，正在逐步改变我们的思维模式和生活方式。我们在之前的项目中已经完成了民族数字博物馆内部的模型制作，在上节课中也将铜鼓博物馆模型导入了 UE4 中，但现在昏暗的场馆影响了展品精美纹样的展现，无法给观众带来无与伦比的视觉盛宴。

　　本次任务，我们将在 UE4 中制作灯光效果。需要使用 UE4 的 LES 灯光和矩形灯光打造博物馆灯光效果。LES 灯光为射灯类型，用于展品的重点照明和墙面装饰照明，矩形灯光为平面灯光类型，主要用于模拟灯带照明，放置在墙面造型凹槽处，照亮场景和营造氛围。我们在制作中需要耐心细致地多次调整灯光位置和灯光参数，关注是否有过曝或亮度不足的情况，以达到博物馆布光的最佳效果。

灯光制作思路

灯光制作思路如表 5-2-1 所示。

表 5-2-1　灯光制作思路

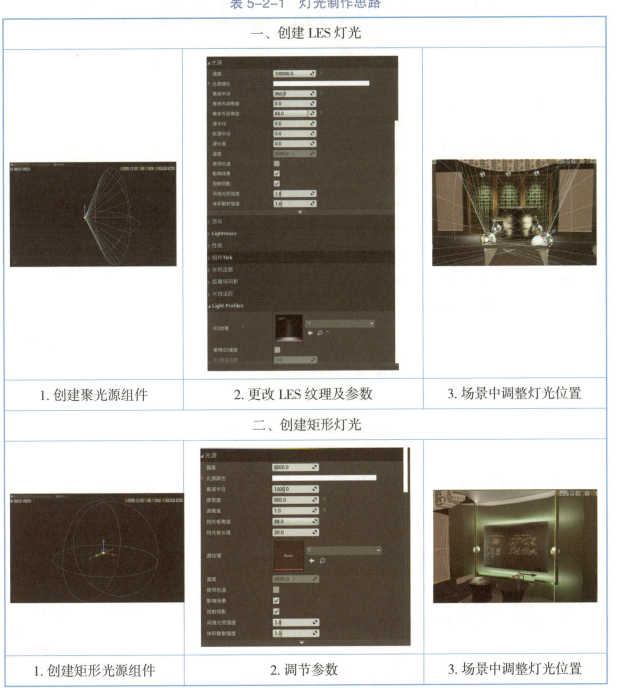

一、创建 LES 灯光		
1. 创建聚光源组件	2. 更改 LES 纹理及参数	3. 场景中调整灯光位置
二、创建矩形灯光		
1. 创建矩形光源组件	2. 调节参数	3. 场景中调整灯光位置

任务最终效果图

任务最终效果图如图 5-2-1 所示。

图 5-2-1　任务最终效果图

二、任务知识储备

UE4 基础操作

在主视口中：

（1）使用鼠标右键 +W、S、A、D 控制视角方向的前、后、左、右；

（2）使鼠标右键 +Q、E 控制视角方向的上、下。

（3）需要选择物体时，通过鼠标单击来选中它，同时，按住 Ctrl 键并用鼠标单击物体后，通过 W、E、R 三个键实现物体的移动、旋转和缩放。

（4）可以选中多个物体。

光源创建

在 UE4 中光源创建的方法较多：

（1）常用的是在窗口模式下，拖入所需光源进入关卡场景中创建。在"模式"菜单的"光源"选项卡中，单击光源并将其拖入关卡场景中，并进行参数修改。

（2）本任务使用的创建方法为在蓝图里创建，创建后可使用、替换各种光源，并且可以设置好参数后，批量复制和修改。

光源类型

1. 定向光源

定向光源模拟从无限远的地方发出光，投射的阴影呈现均为平行。

2. 点光源

点光源类似一个灯泡，向四周发散光。

3. 聚光源

聚光源类似从圆锥形中单个点发出光，模拟生活中的舞台聚光灯、室内射灯等。可以通过 LES 纹理改变射灯的光源形状，丰富场景灯光效果。

4. 天空光照

天空光照捕获关卡的远处部分并将其作为光源应用于场景，天空的外观及其光照反射也会匹配。

 想、查、悟

想一想现实生活中有哪些光源效果，把它们写下来吧。

制作（微课）

三、制作流程

1. 在"内容浏览器"的"museum"文件夹中创建 1 个文件夹并命名为"LES_Light"。进入"LES_Light"文件夹，单击"内容浏览器"中的"添加 / 导入"按钮，将资产导入该文件夹，选择"1.LES""14.LES"导入文件。导入成功后，在"LES_Light"文件夹中得到两个光源 LES 纹理"1""14"，如图 5-2-2 所示。

图 5-2-2　导入文件，得到两个光源 LES 纹理

2. 在"内容浏览器"的"museum"文件夹的空白处右击，选择"蓝图类"，再单击创建"Actor"并命名为"灯 1"，如图 5-2-3 所示。

图 5-2-3　创建 Actor 蓝图

3. 鼠标双击蓝图"灯1"进入蓝图，在右侧"组件栏"面板"添加组件"中搜索"聚光"，选择"聚光源组件"长按拖曳至"视口"中，完成添加，如图 5-2-4 所示。

4. 选中已添加的"聚光源组件"，在"细节"面板"Light Profiles"卷展栏中找到"IES 纹理"，更换成 LES 纹理"14"，在"光源"卷展栏中更改"强度"为 100000 来调整光源的亮度，其他参数可根据实际效果自行调节，如图 5-2-5 所示。

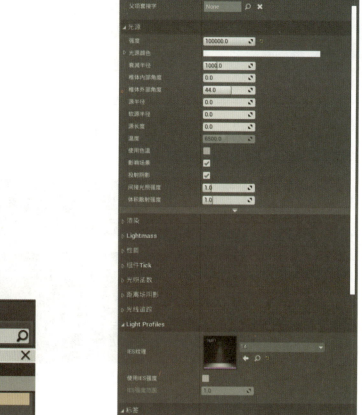

图 5-2-4　添加光源组件　　　　图 5-2-5　设置场景中的灯光

5. 回到主视口，将"museum"文件夹中的蓝图"灯1"拖曳到主视口中，并把灯的光源方向对准铜鼓模型，如图5-2-6所示。

6. 在"内容浏览器"的"museum"文件夹的空白处右击选择"蓝图类"，再次单击创建"Actor"并命名为"灯2"，如图5-2-7所示。

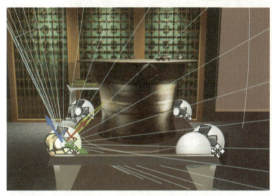

图 5-2-6　调整灯光位置

图 5-2-7　创建 Actor 蓝图

7. 在左侧"组件栏"面板的"添加组件"中搜索"聚光"，选择添加"聚光源组件"，在"细节"面板的"Light Profiles"卷展栏中找到"IES 纹理"，将其更换成 LES 纹理"1"，勾选"使用 LES 强度"，调整"LES 强度范围"为 2000，其他参数可根据实际效果自行调整，如图5-2-8所示。

图 5-2-8　添加光源组件和场景的灯光

8. 回到主视口，将"museum"文件夹中的蓝图"灯2"拖曳到主视口中，把灯放置于屏风前摆放，呈现光源纹理效果，复制两个后调整得到最终效果，如图5-2-9所示。

图 5-2-9　调整灯光位置

9. 在"内容浏览器"的"museum"文件夹的空白处右击选择"蓝图类",再次单击创建"Actor"并命名为"灯3",如图 5-2-10 所示。

图 5-2-10　创建 Actor 蓝图

10. 鼠标双击"灯3"进入蓝图,在"组件栏"面板的"添加组件"中搜索"矩形",选择"矩形光源组件",添加"矩形光源组件"并长按拖曳至视口中完成添加,如图 5-2-11 所示。

11. 选中已添加的"矩形光源组件",在"细节"面板的"光源"卷展栏中调节"源宽度"为 900,"源高度"为 1,尺寸可根据实际效果自行调节,更改"强度"为 5000,其他参数可根据实际效果自行调节,如图 5-2-12 所示。

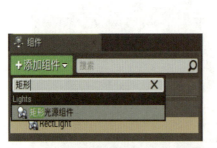

图 5-2-11　添加光源组件和场景的灯光　　　图 5-2-12　调节灯光宽、高及灯光强度数值

12. 回到主视口,将"museum"文件夹中的蓝图"灯3"拖曳到主视口中,复制多个,分别将光源放置在墙面造型凹槽处和展览板后面的上、下位置处,如图 5-2-13 所示。

图 5-2-13　调整灯光位置

复制 1 个 "灯 2" 到铜鼓展厅入口处摆放，得到最终效果图，如图 5-2-14 所示。

图 5-2-14　灯光最终效果图

四、任务自评

任务二　"灯光制作"自评表

评价名称	评价标准	自评
基础知识	完成"任务前导"和"想、查、悟"等模块的任务	全部完成□ 部分完成□ 没有完成□
产品质量	1. 能够正确创建聚光源制作 LES 灯光。 2. 能够正确创建并调节矩形光源。 3. 能够正确摆放灯光位置，与最终效果一致	完全一致□ 部分一致□ 完全不一致□
行业规范	1. 操作符合 VR 全景动漫师行业标准。 2. 计算机、数位板等设备使用合理，清洁工作台。 3. 任务保质保量，在规定时间内完成	符合要求□ 部分符合要求□ 不符合要求□

任务三　UI 交互制作

一、任务前导

　　在铜鼓数字博物馆参观过程中，观众如果要与虚拟空间的展品进行交互，就需要 UI（用户界面）的引导。UI 设计不仅是项目产品的重要组成部分，更是连接用户与产品、传递信息的桥梁。所以在设计 UI 界面时既要学会制作的技术，又要实现文化和价值的传递。在搭建 UI 界面的过程中，应体现铜鼓博物馆的主题特点，积极探索与文化的结合点，通过界面元素、色彩搭配、交互方式等来传递民族文化博大精深的内涵。

　　本次任务我们将制作铜鼓博物馆中 UI 交互的效果，分别是欢迎界面和手柄射线击准界面，实现进入铜鼓博物馆的交互效果。在铜鼓博物馆中，手柄射击线击准展台中间的铜鼓模型，可进入独立场景，观看铜鼓多角度的细节。在制作铜鼓旋转、平移、缩放时，需要使用蓝图中的逻辑思维，开始小有难度，这时需要我们有不畏困难、勇于挑战的工匠精神。

UI 交互制作思路

　　UI 交互制作思路如表 5-3-1 所示。

表 5-3-1　UI 交互制作思路

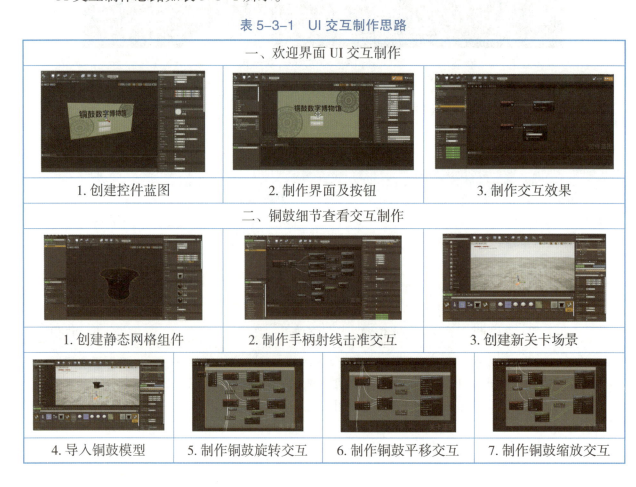

一、欢迎界面 UI 交互制作		
1. 创建控件蓝图	2. 制作界面及按钮	3. 制作交互效果
二、铜鼓细节查看交互制作		
1. 创建静态网格组件	2. 制作手柄射线击准交互	3. 创建新关卡场景
4. 导入铜鼓模型	5. 制作铜鼓旋转交互	6. 制作铜鼓平移交互　7. 制作铜鼓缩放交互

任务最终效果图

任务最终效果图如图 5-3-1 所示。

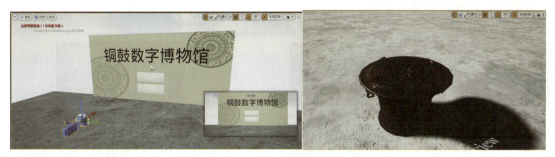

图 5-3-1　任务最终效果图

二、任务知识储备

什么是交互？

交互是指人与人、人与物、物与物之间的相互作用和影响。在计算机科学领域，交互通常是指用户与计算机之间的互动过程。交互设计则是以用户为中心，通过设计和优化交互流程和界面，提高用户体验和满意度的过程。交互过程即操作者利用一些触发事件（单击、双击、拖曳、键入等），在操作界面上发出这些指令，然后在屏幕上给予操作者各种反馈结果，这个过程就叫交互过程。

什么是蓝图？

蓝图（Blueprints）是虚幻引擎 4 的可视化脚本方法，其图标如图 5-3-2 所示。也就是说，通常要通过编写脚本来完成的任务，现在可以通过一个由节点和连接组成的图表来创建，而不必键入任何实际的代码。这让美术和其他非程序员类型的用户可以创建错综复杂的游戏系统，而此前只有程序员才能创建这样的系统。

图 5-3-2　Blueprints 图标

三种常见的蓝图

三种常见的蓝图如表 5-3-2 所示。

表 5-3-2　三种常见的蓝图

蓝图类：集中处理几个相关的功能及数据的小型程序。制作复杂程序时，创建类会使整体结构一目了然	关卡蓝图：用于制作当前游戏场景的程序	游戏模式：与制作中的游戏整体相关的设置、动作，在最初阶段基本不用，了解如何开发 Unreal Engine 后才加以使用

三种重要的节点

三种重要的节点如表 5-3-3 所示。

表 5-3-3　三种重要的节点

事件节点：在场景运行时触发了某个操作或者事情，然后触发事件。标题部分为红色	执行节点：蓝色标题，左右两侧都有箭头标志	读取节点：存储着细节的设置和信息，需要读取节点把这些信息取出来。绿色标题，没有白色箭头标志，不能从事件连接到该节点，起到向其他节点传递必要信息的作用

 想、查、悟

你体验过虚拟展馆吗？里面都有哪些让你印象深刻的交互体验呢？查一查，现在最新的 VR 技术能做到哪些互动呢？

三、制作流程

制作（微课）

1. 在"内容浏览器"的"museum"文件夹的空白处右击选择"用户界面"，再单击创建"控件蓝图"并命名为"开始游览"，如图 5-3-3 所示。

图 5-3-3　创建控件蓝图

2. 鼠标双击"开始游览"进入蓝图，在左侧"控制板"面板的"通用"卷展栏下，长按鼠标左键，将"图像"拖曳到控件蓝图中并拉满至画布，如图 5-3-4 所示。

图 5-3-4　添加"图像"并拉满画布

3. 选中画布中的"图像"，在"细节"面板的"插槽（画布面板槽）"卷展栏中选择"锚点"下的第二排第 2 个锚点样式（居中样式），如图 5-3-5 所示。

3. 在"内容浏览器"的"museum"文件夹中创建 1 个文件夹，命名为"UI_Background"。进入"UI_Background"文件夹，单击"内容浏览器"中的"添加 / 导入"按钮，导入资产至该文件夹，选择"背景 .tga"导入图片，导入成功后，在"UI_Background"文件夹中得到 1 张图片"背景"，如图 5-3-6 所示。

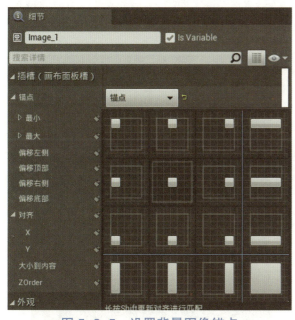

图 5-3-5　设置背景图像锚点

图 5-3-6　添加背景图像照片

企业经验： 导入图片，也可以将电脑中的图片选中后直接拖入相对应的文件夹中。

4. 选中控件蓝图中的"图像"，在"细节"面板的"外观"卷展栏中选择"图像"，将原图片替换为上一步导入的"背景"图片，并进行编译保存，如图 5-3-7 所示。

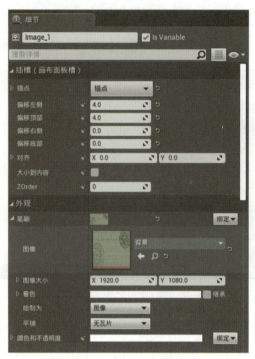

图 5-3-7　替换背景图片

5. 在左侧"控制板"面板的"通用"卷展栏中，选择"文本"并长按鼠标左键拖曳到控件蓝图中，输入"铜鼓数字博物馆"，如图 5-3-8 所示。选中文本"铜鼓数字博物馆"，在"细节"面板的"锚点"卷展栏中选择"锚点"下的第二排第 2 个锚点样式（居中样式），将"外观"卷展栏中的"颜色和不透明"调整为黑色，"尺寸"调整为 120，其他参数可根据实际效果自行调节，如图 5-3-9 所示。

图 5-3-8　添加文本文字

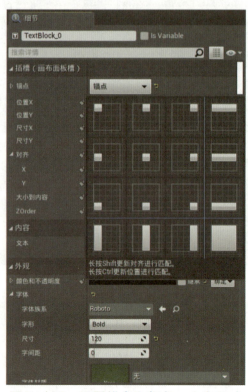

图 5-3-9　设置锚点和颜色、文字尺寸

6. 在左侧"控制板"面板的"通用"卷展栏中，选择"按钮"并长按鼠标左键将其拖曳到控件蓝图中，调整成适当大小并居中摆放在图像背景的中下方，在左侧"层级"面板中将按钮重命名为"开始游览"，在"细节"面板的"锚点"卷展栏中选择"锚点"下的第二排第 2 个锚点样式（居中样式），如图 5-3-10 所示。

图 5-3-10　添加按钮和设置按钮的锚点

7. 在左侧"控制板"面板的"通用"卷展栏中，将"文本"拖曳到按钮上面，输入"开始游览"，将"细节"面板的"插槽（按键槽）"卷展栏中的"水平对齐"设置为居中对齐，"垂直对齐"设置为居中对齐。将"外观"卷展栏中的"颜色和不透明"设置为白色，"尺寸"设置为 30。在左侧"层级"面板中，将"文本"设置为"开始游览"，并将该文本移动到按钮"开始"之下，形成组合，如图 5-3-11 和图 5-3-12 所示。重复以上操作，完成按钮"退出游览"的制作。

图 5-3-11 添加按钮并组合文本文字

图 5-3-12 设置文本文字和尺寸

8. 在控件蓝图中的右上角单击，切换到"图表"，在左侧"我的蓝图"面板的"变量"卷展栏中单击"开始"后，在下方的"细节"面板的"事件"卷展栏中，单击"点击时"将其添加到事件图表中，调出"点击时（开始）"节点，重复以上操作，调出"点击时（退出）"节点，如图 5-3-13 所示。

图 5-3-13 添加"点击时"节点

9. 在事件图表的空白处右击输入"打开关卡（按 Object 引用）"，调出"打开关卡（按 Object 引用）"节点，将"点击时（开始）"节点连接"打开关卡（按 Object 引用）"节点的左侧接口，在"Level"处选择资产为"BWG（关卡）"，如图 5-3-14 所示。

图 5-3-14　添加"打开关卡"节点并搜索关卡

10. 在事件图表的空白处右击输入"退出游戏"，调出"退出游戏"节点，将"点击时（退出）"节点连接"退出游戏"节点的左侧接口，如图 5-3-15 所示。

图 5-3-15　添加"退出游戏"节点

11. 在"内容浏览器"的"museum"文件夹的空白处右击，选择"蓝图类"后单击创建"Actor"并命名为"开始游览蓝图"，如图 5-3-16 所示。

12. 鼠标双击"开始游览蓝图"进入蓝图后，在左侧"组件"面板的"添加组件"中搜索"控件"，选择"控件组件"得到控件组件"Widget"，将其重命名为"控件组件"，选中"控

图 5-3-16　创建 Actor 蓝图

件组件"，在右侧"细节"面板的"用户界面"卷展栏中更改"控件类"为"开始展览"，更改"绘制大小"为 X 1500/Y 700，如图 5-3-17 所示，最终效果如图 5-3-18 所示。

图 5-3-17　添加控件组件并设置

图 5-3-18　设置控件后的效果

13. 在"内容浏览器"的"内容"层级，进入文件夹"VirtualRealityBP"后再进入文件夹"Blueprints"，找到摄像头蓝图"MotionControllerPawn"，将其复制到"内容浏览器"的"museum"文件夹中，如图5-3-19所示。

14. 双击摄像头蓝图"MotionControllerPawn"进入蓝图后，在左侧"组件"面板中单击"添加组件"搜索"控件交互组件"或

图 5-3-19　复制摄像头蓝图

"WidgetInteraction"，选择"WidgetInteraction"，可以重命名为"控件交互组件"，如图5-3-20所示。

图 5-3-20　添加控件交互组件

15. 选中控件交互组件"WidgetInteraction"，在右侧"细节"面板的"交互"卷展栏中更改"交互距离"为5000，在"调试"卷展栏中开启"显示调试"，在"激活"卷展栏中关闭"自动启用"，如图5-3-21所示。

图 5-3-21　设置交互距离、显示调试、自动启用

16. 在"内容浏览器"的"内容"层级，将调试好的摄像头蓝图"MotionControllerPawn"拖曳到主视口中后进行位置调整，调整到居中位置，如图 5-3-22 所示。在右侧"细节"面板的"Pawn"卷展栏中将"自动控制玩家"更改为"玩家 0"（改为"玩家 0"后可操作摄像头手柄），如图 5-3-23 所示。

图 5-3-22　调整摄像头角度位置

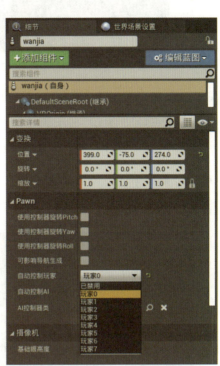

图 5-3-23　改为"玩家 0"

17. 按照图 5-3-23 所示设置自动控制玩家并双击摄像头蓝图"MotionControllerPawn"进入蓝图后，在空白处右击搜索"确定键"，选择"左缓冲（确定键）"，调出"输入操作左缓冲（确定键）"节点。在空白处右击搜索"序列"并选择，调出"序列"节点来运行多个程序，将"输入操作左缓冲（确定键）"节点的"Pressed"接口连接"序列"节点左侧的"▶"接口，如图 5-3-24 所示。

图 5-3-24　添加"输入操作左缓冲（确定键）""序列"节点

18. 在空白处右击搜索"获取类的所有 actor"并选择，调出"获取类的所有 actor"节点，将该节点"Actor Class"更改为"BP MotionController"。将"序列"节点"Then 0"接口连接"获取类的所有 actor"节点左侧的"▶"接口，如图 5-3-25 所示。

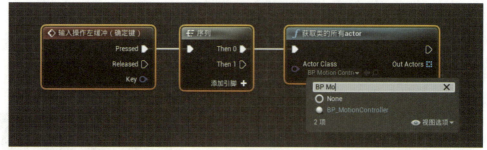

图 5-3-25 添加"获取类的所有 actor"节点，将"Actor Class"更换为"BP_MotionController"

19. 在"获取类的所有 actor"节点中的"Out Actors"接口处，单击并拖曳出线后搜索"GET"并选择，调出"GET"节点。在空白处右击搜索"射线检测"并选择，调出"射线检测"节点。将"获取类的所有 actor"节点右侧的"▶"接口连接"射线检测"节点左侧的"▶"接口，将"GET"节点右侧的接口连接"射线检测"节点的"目标"接口，如图 5-3-26 所示。

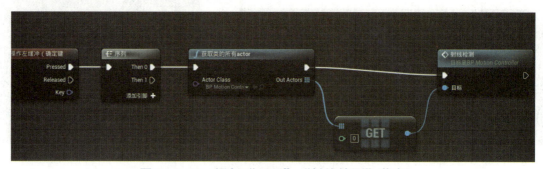

图 5-3-26 添加"GET""射线检测"节点

20. 重复以上操作，调出第二个"获取类的所有 actor"节点，将该节点"Actor Class"更改为"BP MotionController"。将"序列"节点"Then 1"接口连接第二个"获取类的所有 actor"节点左侧的"▶"接口。重复以上操作，调出第二个"GET"节点，调出"按下"节点。将"获取类的所有 actor"节点右侧的"▶"接口连接"按下"节点左侧的"▶"接口，将"GET"节点右侧的接口连接"按下"节点的"目标"接口，如图 5-3-27 所示。

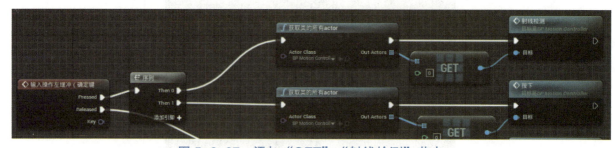

图 5-3-27 添加"GET""射线检测"节点

21. 重复以上操作，调出第三个"获取类的所有 actor"节点，将该节点"Actor Class"更改为"BP MotionController"。将"输入操作左缓冲键（确定键）"节点的"Released"接口连接第三个"获取类的所有 actor"节点左侧的"▶"接口。重复以上操作，调出第三个"GET"节点，调出"松开"节点。将"获取类的所有 actor"节点右侧的"▶"接口连接"松开"节点左侧的"▶"接口，将"GET"节点右侧的接口连接"松开"节点的"目标"接口，如图 5-3-28 所示。

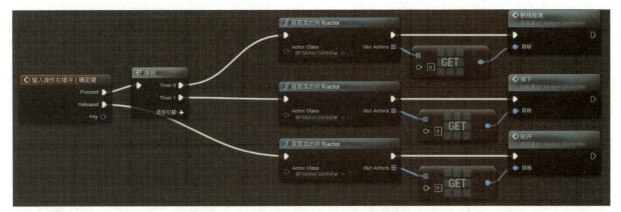

图 5-3-28　添加"GET""射线检测"节点

22. 在左侧"组件"面板中长按鼠标左键将"Widget Interaction"拖曳到空白处，调出"Widget Interaction"节点。在空白处右击搜索"按下指针键"并选择，调出"按下指针键"节点来获取手柄射线的检测，将该节点中的"Key"更换为"鼠标左键"。在空白处分别调出"在可聚焦控件上方"节点、"分支"节点。将"Widget Interaction"节点右侧的接口分别连接"按下指针键"节点左侧的"目标"接口和"在可聚焦控件上方"左侧的"目标"接口，将"按下指针键"节点右侧的"▶"接口连接"分支"节点左侧的"▶"接口。将"在可聚焦控件上方"节点的"Return Value"接口连接"分支"节点的"Condition"接口，如图 5-3-29 所示。

图 5-3-29　添加"Widget Interaction""按下指针键"节点

23. 在左侧"组件"面板中长按鼠标左键将"Widget Interaction"拖曳到空白处，再调出第二个"Widget Interaction"节点。在空白处调出第二个"松开指针键"节点来获取手柄射线的检测，将该节点中的"Key"更换为"鼠标左键"，如图 5-3-30 所示。

图 5-3-30　添加"Widget Interaction""松开指针键"节点

24. 设置手柄射线运行，摄像头蓝图"MotionControllerPawn"的节点步骤最终效果图，如图 5-3-31 所示。

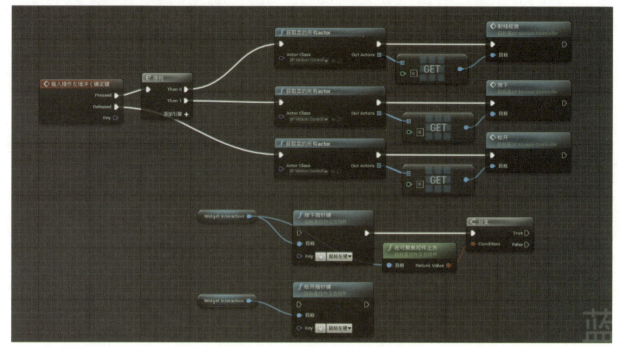

图 5-3-31　设置手柄射线运行

25. 在"内容浏览器"的"museum"文件夹中，右击创建"关卡"并命名为"开始游览界面"，创建完成，如图 5-3-32 所示。

26. 双击关卡"开始游览界面"进入关卡，单击左上角"文件"中的"新建关卡"，选择关卡"Default"，如图 5-3-33 所示。

图 5-3-32　创建"开始游览界面"　　　　　　图 5-3-33　创建新关卡

27. 进入关卡"Default"，选择地板调整大小和材质，在"细节"面板的"变换"卷展栏中更改"位置"蓝色 Z 轴为 20，更改"缩放"红色 X 轴为 3，绿色 Y 轴为 3，蓝色 Z 轴为 3。在"静态网格体"卷展栏中更改"静态网格体"为"SM_Template_Map_Floor"。在"材质"卷展栏中更改"元素 0"为"M_Rock_Marble_Polished"，如图 5-3-34 所示。

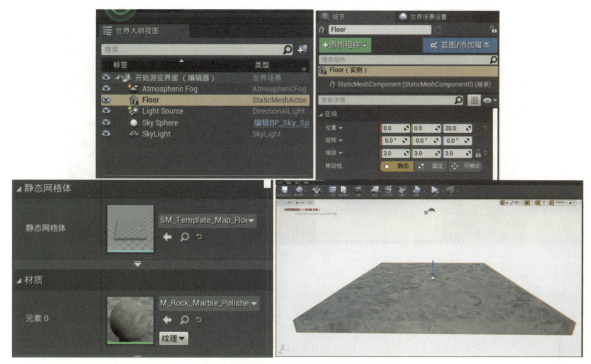

图 5-3-34　设置缩放和更换材质

28. 在"内容浏览器"的"museum"文件夹中，把创建好的蓝图"开始游览"和摄像头蓝图"MotionControllerPawn"拖曳到主视口后进行位置调整，如图 5-3-35 所示。双击进入摄像头蓝图"MotionControllerPawn"，并在"细节"面板中找到"Pawn"卷展栏，将其中的"自动控制玩家"更换为"玩家 0"（改为"玩家 0"后可操作摄像头手柄），完成欢迎界面 UI 交互制作，如图 5-3-36 所示。

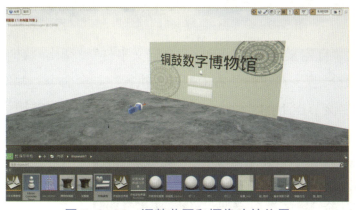

图 5-3-35　调整蓝图和摄像头的位置

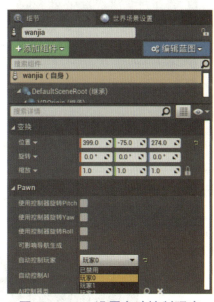

图 5-3-36　设置自动控制玩家

29. 在"内容浏览器"的"museum"文件夹的空白处右击选择"蓝图类"后单击创建"Actor"并命名为"触发铜鼓介绍"，如图 5-3-37 所示。

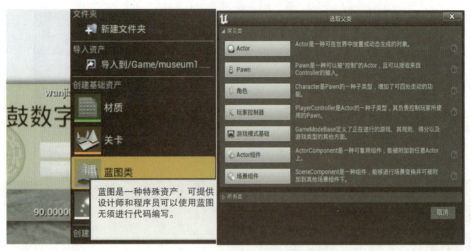

图 5-3-37　创建 Actor 蓝图

30. 双击蓝图"触发铜鼓介绍"进入蓝图后，在左侧"组件"面板"Common"中单击添加"静态网格体组件"，如图 5-3-38 所示。然后在"细节"面板的"静态网格体"卷展栏中，更改"静态网格体"为"TemplateFloor"。在"材质"卷展栏中，更改"元素 0"为"M_Glass"，如图 5-3-39 所示。

图 5-3-38　添加"静态网格体组件"　　　图 5-3-39　更换"静态网格体"和"材质"

31. 在事件图表的空白处右击搜索"自定义事件"，选择"自定义事件"，调出"自定义事件"节点将其重命名为"触发铜鼓介绍"。在空白处右击搜索"执行控制台命令"并选择，调出"执行控制台命令"节点，在该节点下的"Command"右侧输入链接关卡蓝图的名称"ce 铜鼓介绍"，注意 ce 后面一定有空格，如图 5-3-40 所示。

图 5-3-40　添加"触发铜鼓介绍""执行控制台命令"节点

32. 回到主视口，在"内容浏览器"的"museum"文件夹中把创建的蓝图"触发铜鼓介绍"拖曳到主视口中，将位置调整到中间铜鼓前的"铜鼓介绍"模型前面，手柄射线击准这个部分，便可触发蓝图"触发铜鼓介绍"，如图 5-3-41 所示。

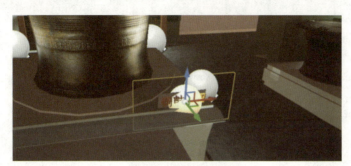

图 5-3-41 调整场景位置

33. 在"内容浏览器"的"museum"文件夹的空白处右击选择"蓝图类"后单击创建"Actor"并命名为"博物馆铜鼓"。

34. 双击蓝图"博物馆铜鼓"进入蓝图后，在左侧"组件"面板的"Common"中单击添加"静态网格体组件（继承）"。然后在"细节"面板中的"静态网格体"卷展栏中，更改"静态网格体"为"完整鼓"。在"变换"卷展栏中，更改"缩放"红色 X 轴为 0.1，绿色 Y 轴为 0.1，蓝色 Z 轴为 0.1。在"材质"卷展栏中，更改"元素 0"为"03_-_Default"，更改"元素 1"为"Material__26"，更改"元素 2"为"02_-_Default"，如图 5-3-42 所示。

图 5-3-42 设置缩放并更换静态网格体

35. 在事件图表的空白处右击搜索"自定义事件"并选择，调出"自定义事件"节点重命名为"铜鼓跳转"。在空白处右击搜索"打开关卡（按名称）"并选择，调出"打开关卡（按名称）"节点，在节点"Level Name"右侧输入链接关卡蓝图的名称"铜鼓交互"，如图 5-3-43 所示。

图 5-3-43 添加"铜鼓跳转""执行控制台命令"节点

36. 回到主视图后，把刚创建的蓝图"博物馆铜鼓"拖进主视图，出现一个新的铜鼓模型，将原来的铜鼓模型删除后，新模型摆放至原来铜鼓模型的位置，如图 5-3-44 所示。

图 5-3-44　进行铜鼓更换

37. 在"内容浏览器"下的过滤器中找到"蓝图类"或在"VirtualRealityBP"中找到"Blueprints"，选择"BP_MotionController"并双击进入蓝图，如图 5-3-45 所示。

图 5-3-45　在过滤器中找到 BP_MotionController

38. 在空白处右击搜索"由通道检测线条"并选择，调出"由通道检测线条"节点（用于显示检测线条的可视性和进入 VR 场景后的每一帧），再调出"获取场景位置"节点和"射线检测"节点。在空白处右击搜索"向量 * 向量"并选择，调出"+"节点后，添加左侧组件下的"Hand Mesh"节点（骨骼网格体组件）。将"射线检测"节点的"▶"接口连接"由通道检测线条"节点左侧的"▶"接口，将"Hand Mesh"节点连接"获取场景位置"节点左侧的"目标"接口，将"获取场景位置"节点的"Return Value"接口连接"由通道检测线条"节点左侧的"Start"接口及"+"节点左侧第一个接口，将"+"节点右侧第一个接口连接"由通道检测线条"节点左侧的"End"接口，如图 5-3-46 所示。

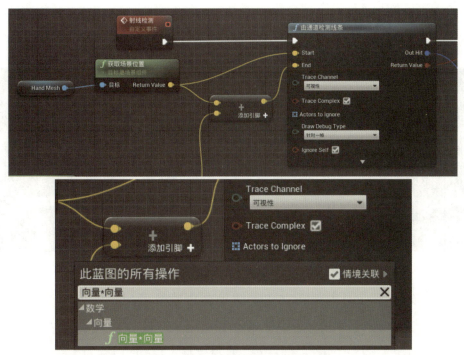

图 5-3-46　检测当前手柄的位置

39. 添加"Hand Mesh"节点（骨骼网格体组件）、调出"获取场景变换"节点获取在场景的位置交换，再调出"拆分变换"节点、"获取向前向量"节点。在空白处右击搜索"向量 * 浮点"并选择，调出"×"节点并更改数值为 5000（该数值为射线的距离，可自行调整）。将"Hand Mesh"节点连接"获取场景变换"节点左侧的"目标"接口，将"获取场景变换"节点的"Return Value"接口连接"拆分变换"节点左侧的"In Transform"接口，将"拆分变换"节点右侧的"Rotation"接口连接"获取向前向量"节点左侧的"In Rot"接口，将"获取向前向量"节点右侧的"Return Value"接口连接"×"节点左侧的第一个接口，如图 5-3-47 所示。

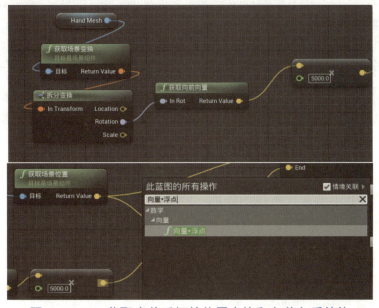

图 5-3-47　获取当前手柄的位置交换和向前向后的值

40.将"×"节点右侧的接口连接"+"节点左侧的第二个接口，全部连接起来后能得到一个检测线条的蓝图，如图5-3-48所示。

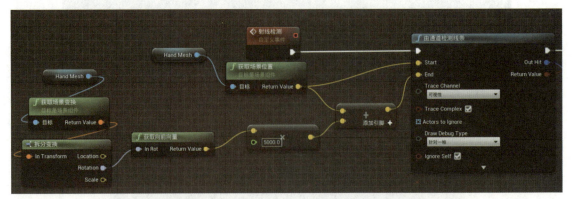

图5-3-48　连接节点后得到检测线条的蓝图

41.调出"分支"节点用来判断它的走向是否正确。调出"序列"节点把运行一个程序变为运行多个程序。调出"中断命中结果"节点用来判断正确性。将"由通道检测线条"节点右侧的"►"接口连接"分支"节点左侧的"►"接口，将"由通道检测线条"节点右侧的"Return Value"接口连接"分支"节点左侧的"Condition"接口，将"分支"节点右侧的"True"接口连接"序列"节点左侧的"►"接口，将"由通道检测线条"节点右侧的"Out Hit"接口连接"中断命中结果"节点左侧的"Hit"接口，如图5-3-49所示。

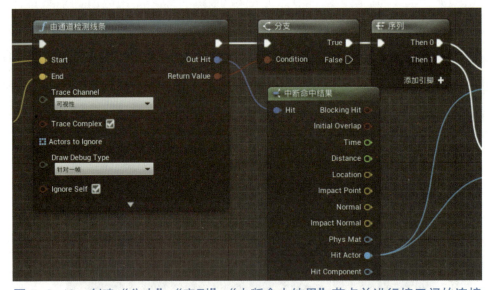

图5-3-49　创建"分支""序列""中断命中结果"节点并进行接口间的连接

42.添加"类型转换为触发铜鼓介绍"。调出"类型转换为触发铜鼓介绍"节点，在"As触发铜鼓介绍"上单击并长按拉出添加"触发铜鼓介绍"节点来进行关卡传送。重复以上操作，添加"类型转换为铜鼓"。调出"类型转换为铜鼓"节点，在"As铜鼓"上单击并长按拉出添加"铜鼓跳转"节点。将"序列"节点右侧的"Then 0"接口连接"类型转换为触发铜鼓介绍"节点左侧的"►"接口，右侧的"Then 1"接口连接"类型转换为铜鼓"节点左侧的"►"接口。将"中断命中结果"节点右侧的"Hit Actor"接口分别连接

"类型转换为触发铜鼓介绍"节点左侧的"Object"接口和"类型转换为铜鼓"节点左侧的"Object"接口。将"类型转换为触发铜鼓介绍"节点右侧"▶"接口连接"触发铜鼓介绍"节点左侧的"▶"接口，将"类型转换为铜鼓"节点右侧的"▶"接口连接"铜鼓跳转"节点左侧的"▶"接口，如图 5-3-50 所示。

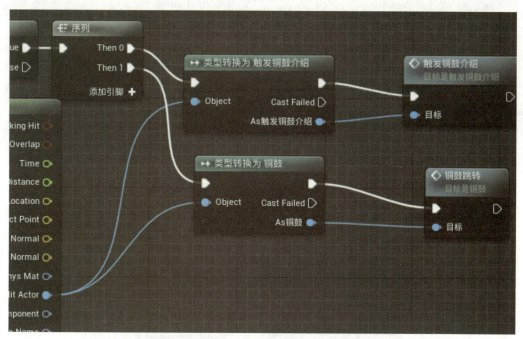

图 5-3-50　设置关卡传送

43. 添加"Widget Interaction"组件栏中的（控件交互组件）。调出"按下指针键"节点并将其调整为鼠标左键。再调出"打印字符串"节点、"在可聚焦控件上方"节点、"分支"节点。将"Widget Interaction"节点连接"按下指针键"节点左侧的"目标"接口和"在可聚焦控件上方"节点左侧的"目标"接口。将"按下"节点、"按下指针键"节点、"打印字符串"节点、"分支"节点的"▶"接口分别连接，将"在可聚焦控件上方"节点右侧的"Return Value"接口连接"分支"节点左侧的"Condition"接口。检测我们按下后是否能运行这个程序，成功运行会出现"打印字符串"节点中的 Hello。重复以上操作，调出"Widget Interaction""松开指针键"节点并连接，如图 5-3-51 所示。

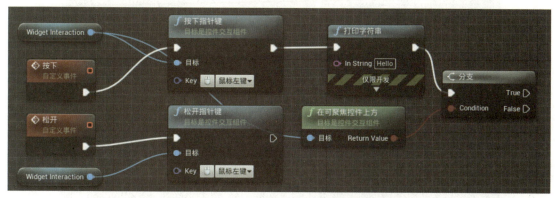

图 5-3-51　设置手柄按下松开交互

44. 全部连接起来后我们能得到一个检测线条的蓝图，如图 5-3-52 所示。

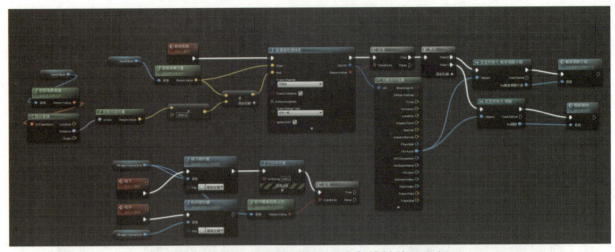

图 5-3-52　设置手柄的射线线条按键能否运行

45. 在"内容浏览器"的"museum"文件夹中，右击创建"关卡"并命名为"铜鼓交互"，如图 5-3-53 所示。

图 5-3-53　创建"铜鼓交互"关卡

46. 双击"铜鼓交互"进入关卡，单击左上角"文件"中的"新建关卡"，选择关卡"Default"，如图 5-3-54 所示。

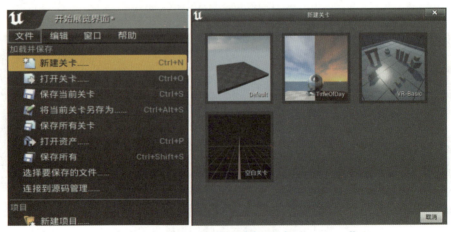

图 5-3-54　新建关卡并选择关卡"Default"

47. 在关卡"Default"中选择地板并调整其大小和材质，在"细节"面板的"变换"卷展栏中，更改"位置"的蓝色 Z 轴为 20，更改"缩放"的红色 X 轴为 7，绿色 Y 轴为 7，蓝色 Z 轴为 7。在"静态网格体"卷展栏中，更改"静态网格体"为"SM_Template_Map_Floor"。在"材质"卷展栏中，更改"元素 0"为"M_Concrete_Poured"，如图 5-3-55 所示。把创建好的蓝图"博物馆铜鼓"拖曳到主视口中，如图 5-3-56 所示。

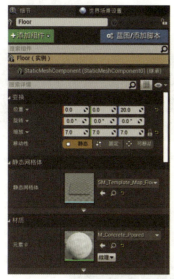

图 5-3-55　设置缩放和更换材质

图 5-3-56　调整铜鼓模型的位置

48. 在工具栏中选择"关于蓝图"→"打开关卡蓝图"，如图 5-3-57 所示。打开后在事件图表中添加"事件 Tick"节点，用于确保进行铜鼓交互时每一帧都在运行，后添加"序列"节点来运行多个程序节点，如图 5-3-58 所示。

图 5-3-57　单击打开进入关卡蓝图

图 5-3-58　添加"事件 Tick""序列"节点

49. 添加"输入操作右板机轴（上下旋转）"节点，通过手柄的按键来进行铜鼓的上下旋转，再添加"Gate"节点、"设置 Actor 旋转"节点并设置铜鼓模型在关卡的旋转。将"序列"节点的"Then 0"接口连接"Gate"节点的"Enter"接口。将"输入操作右板机轴（上下旋转）"节点的"Pressed"接口连接"Gate"节点的"Open"接口，"Released"接口连接"Gate"节点的"Close"接口。将"Gate"节点的"Exit"接口连接"设置 Actor 旋转"节点左侧的"▶"接口，如图 5-3-59 所示。

图 5-3-59　添加"输入操作右板机轴（上下旋转）""Gate""设置 Actor 旋转"节点

50. 回到主视口单击选中铜鼓模型。接着到关卡蓝图后，右击选择"创建一个对铜鼓的引用"获得"铜鼓"节点（获取在场景中的铜鼓模型），添加"获取 Actor 旋转"节点，如图 5-3-60 所示。

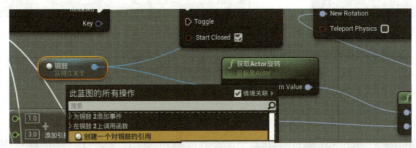

图 5-3-60　添加"铜鼓模型"节点，"获取 Actor 旋转"节点

51. 添加"创建旋转体"节点、"+"节点（需输出浮点+浮点），设置数值为 1.0 和 3.0、添加"合并旋转体"节点，如图 5-3-61 所示。

图 5-3-61　添加"创建旋转体""+""合并旋转体"节点

52. 将"铜鼓"节点分别连接"设置 Actor 旋转"节点的"目标"接口和"获取 Actor 旋转"节点的"目标"接口。将"获取 Actor 旋转"节点的"Return Value"接口连接"合并旋转体"节点的"A"接口。将"+"节点右侧的第一个接口连接"创建旋转体"节点的"X"接口。将"创建旋转体"节点的"Return Value"接口连接"合并旋转体"节点的"B"接口。将"合并旋转体"节点的"Return Value"接口连接"设置 Actor 旋转"节点的"New Rotation"接口，最终完成手柄操作铜鼓模型上下旋转的设置。重复以上操作，调出

"输入操作左板机轴（左右旋转）"的全部节点后对"+"节点设置数值为 –1.0 和 3 并进行连接，如图 5-3-62 所示。

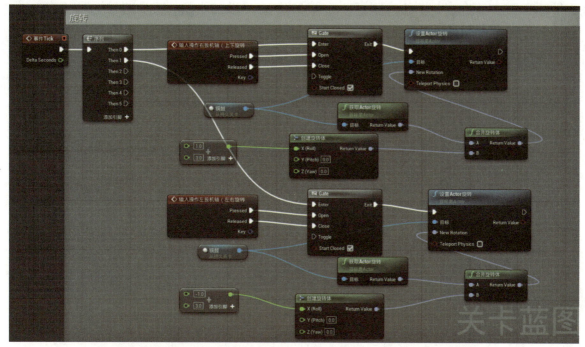

图 5-3-62　手柄操作铜鼓模型上下旋转

53. 添加"输入操作 Y 按压（左平移）"节点和"Gate"节点，再添加"添加 Actor 场景偏移"节点（用于获取铜鼓模型在场景中的位置和移动后的位置）。添加"×"节点设置数值为 1.0 和 10.0（加入默认值后可以改变左右方向上位置的调整），重复第 50 步再添加一个"铜鼓"节点。将"输入操作 Y 按压（左平移）"节点的"Pressed"接口、"Relcased"接口分别连接"Gate"节点的"Open"接口、"Close"接口，将"Gate"节点的"Exit"接口连接"添加 Actor 场景偏移"节点左侧的"▶"接口，将"铜鼓"节点连接"添加 Actor 场景偏移"节点的"目标"接口，"×"节点右侧第一个接口连接"添加 Actor 场景偏移"节点的"Delta Location Y"接口，如图 5-3-63 所示。

图 5-3-63　设置手柄操作铜鼓模型左平移

54. 重复以上操作，添加"输入操作 X 按压（左平移）"节点和"Gate"节点，再添加"添加 Actor 场景偏移"节点，添加"×"节点设置数值为 –1.0 和 10.0。将"输入操作 X 按压（左平移）"节点的"Pressed"接口、"Released"接口分别连接"Gate"节点的"Open"接口、"Close"接口，将"Gate"节点的"Exit"接口连接"添加 Actor 场景偏移"节点左侧的"▶"接口，将"铜鼓"节点连接新添加的"添加 Actor 场景偏移"节点的"目标"接口，"×"节点右侧第一个接口连接"添加 Actor 场景偏移"节点的"Delta Location Y"接口。将"序列"节点的"Then 2"和"Then 3"接口分别连接两个"添加 Actor 场景偏移"节点左侧的"▶"接口，如图 5-3-64 所示。

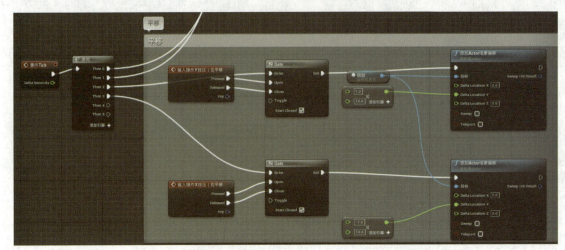

图 5-3-64　设置手柄操作铜鼓模型左右平移

55. 添加"输入操作 A 按压（缩小）"节点和"Gate"节点，添加"设置 Actor 位置"节点（用于进行铜鼓模型的 X、Y、Z 的当前位置的放大和缩小），添加"获取 Actor 位置"节点（用于获取铜鼓模型在场景中的当前位置）。添加"+"节点输入数值 -10.0（需打出浮点 + 浮点，添加默认值后可以改变铜鼓模型的大小），重复第 50 步再添加一个"铜鼓"节点。将"输入操作 A 按压（缩小）"节点的"Pressed"接口、"Released"接口分别连接"Gate"节点的"Open"接口、"Close"接口，将"Gate"节点的"Exit"接口连接"设置 Actor 位置"节点左侧的"▶"接口。将"铜鼓"节点分别连接"获取 Actor 位置"节点和"设置 Actor 位置"节点的"目标"接口。将"获取 Actor 位置"节点的"Return Value Y""Return Value Z"接口分别连接"设置 Actor 位置"节点的"New Location Y""New Location Y"接口，"Return Value X"接口连接"+"节点左侧第二个接口。"+"节点右侧第一个接口连接"设置 Actor 位置"节点的"New Location X"接口，如图 5-3-65 所示。

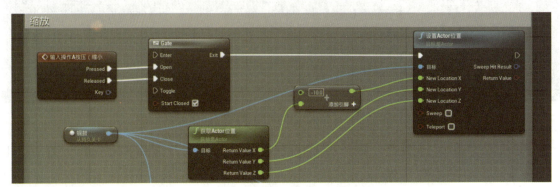

图 5-3-65　设置手柄操作铜鼓模型的缩小

56. 添加输入操作 B 按压（放大）"节点、"Gate"节点、"设置 Actor 位置"节点、"获取 Actor 位置"节点、"+"节点输入数值 10，重复第 50 步再添加一个"铜鼓"节点。重复以上操作，将节点进行连接。最后将"序列"节点"Then 5"接口连接新添加的"Gate"节点的"Enter"接口，如图 5-3-66 所示。

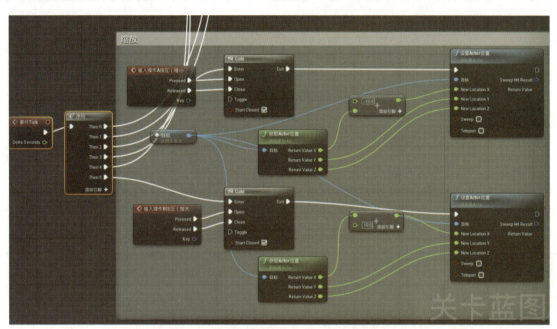

图 5-3-66　设置手柄操作铜鼓模型大小缩放

57. 至此完成铜鼓模型的旋转、平移、缩放交互效果，如图 5-3-67 所示。

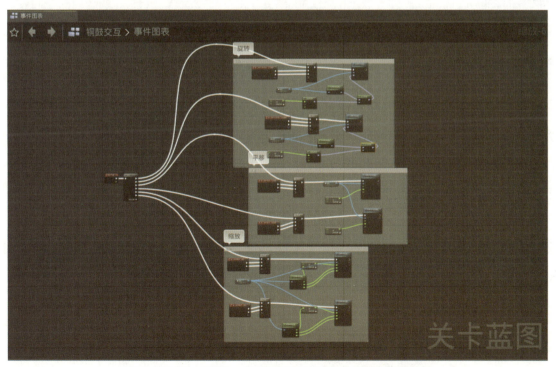

图 5-3-67　旋转、平移、缩放交互蓝图最终搭建图

四、任务自评

任务三　"UI 交互制作"自评表

评价名称	评价标准	自评
基础知识	完成"任务前导"和"想、查、悟"等模块的任务	全部完成□ 部分完成□ 没有完成□
产品质量	1. 能够制作欢迎 UI 界面交互效果。 2. 能够制作铜鼓旋转交互效果。 3. 能够制作铜鼓平移交互效果。 4. 能够制作铜鼓缩放交互效果	完全一致□ 部分一致□ 完全不一致□
行业规范	1. 操作符合 VR 全景动漫师行业标准。 2. 计算机、数位板等设备使用合理，清洁工作台。 3. 任务保质保量，在规定时间内完成	符合要求□ 部分符合要求□ 不符合要求□

任务四　人物交互制作

一、任务前导

在当前的技术革新浪潮中，VR 技术已成为连接虚拟与现实世界的重要桥梁。在动漫领域，主要体现于三维动漫模型导入 VR 环境并实现动画交互。用虚拟人物与用户的自然交互，赋予其全新的虚拟生命和交互能力，以达到更加真实、生动的虚拟现实体验，对于提升用户体验具有举足轻重的作用。

本任务将使用之前课程中制作好的三维动漫模型沃柑宝宝，将其导入 UE4 软件，并在 UE4 中创建蓝图类 Actor，确保沃柑宝宝能够在虚拟空间中自如活动。能够运用蓝图制作人物材质、人物触发交互等命令。

任务最终效果图

任务最终效果图如图 5-4-1 所示。

图 5-4-1　任务最终效果图

人物交互制作思路

人物交互制作思路如表 5-4-1 所示。

表 5-4-1　人物交互制作思路

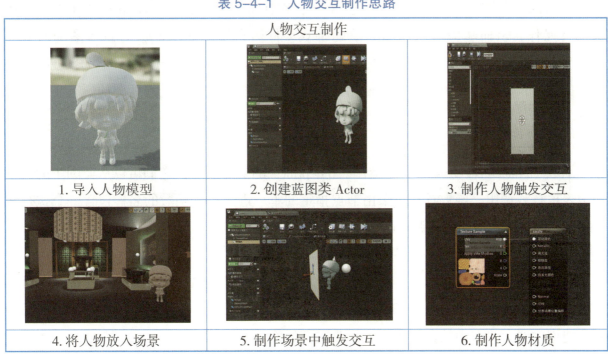

人物交互制作		
1. 导入人物模型	2. 创建蓝图类 Actor	3. 制作人物触发交互
4. 将人物放入场景	5. 制作场景中触发交互	6. 制作人物材质

二、任务知识储备

蓝图功能剖析

蓝图功能由诸多元素定义。部分元素默认存在，其余可按需添加。这些元素可用于定义组件、执行初始化和设置操作、对事件作出响应、组织并模块化操作，以及定义属性等行为。

1. 组件窗口

了解组件（Components）后，蓝图编辑器（Blueprint Editor）中的组件窗口允许您将组件添加到蓝图。这提供了以下方法：通过胶囊组件（CapsuleComponent）、盒体组件（BoxComponent）或球体组件（SphereComponent）添加碰撞几何体，以静态网格体组件（StaticMeshComponent）或金属网格体组件（SkeletalMeshComponent）形式添加渲染几何体，使用移动组件（MovementComponent）控制移动。还可以将组件列表中添加的组件指定给实例变量，以便您在此蓝图或其他蓝图的图表中访问它们。

2. 构造脚本

创建蓝图类的实例时，构造脚本（Construction Script）在组件列表之后运行。它包含的节点图表允许蓝图实例执行初始化操作。构造脚本的功能可以非常丰富，它们可以执行场景射线追踪、设置网格体和材质等操作，从而根据场景环境来进行设置。例如，光源蓝图可判断其所在地面类型，然后从一组网格体中选择合适的，或者，栅栏蓝图可以向各个方向射出射线，从而确定栅栏可以有多长。

3. 事件图表

蓝图的事件图表（EventGraph）包含一个节点图表；节点图表使用事件和函数调用来执行操作，从而响应与该蓝图有关的游戏事件。它添加的功能会对该蓝图的所有实例产生影响。你可以在这里设置交互功能和动态响应。例如，光源蓝图可以通过关闭其 LightComponent 和更改其网格体使用的材质来响应伤害事件。光源蓝图的所有实例会自动具备这个功能。

4. 函数

函数（Functions）是属于特定蓝图（Blueprint）的节点图表，它们可以从蓝图中的另一个图表执行或调用。函数具有一个由节点指定的单一进入点，函数的名称包含一个执行输出引脚。当您从另一个图表调用函数时，输出执行引脚将被激活，从而使连接的网络执行。

5. 变量

Variables（变量）是保存值或参考世界场景中的对象或 Actor 的属性。这些属性可以由包含它们的蓝图（Blueprint）通过内部方式访问，也可以通过外部方式访问，以便设计人员使用放置在关卡中的蓝图实例来修改它们的值。

6. 蓝图模式

蓝图的模式决定其窗口中显示的内容。关卡蓝图仅包含一个模式（图表模式），而蓝图类包含三种不同模式：

默认模式——可在此设置蓝图默认选项。

组件模式——可在此添加、移除和编辑构成蓝图的组件。

想、查、悟

在设计一个角色与环境中物体的交互系统时，你认为哪些关键要素是必不可少的？为什么这些要素对于创造一个真实且引人入胜的交互体验至关重要？

三、制作流程

1. 在"museum"中创建一个新的文件夹，重命名为"WoganBaby"，然后将人物模型的 FBX 格式文件拖曳进内容管理器中"WoganBaby"文件夹的空位处，将会弹出导入选项窗口，如图 5-4-2 所示。

简介（微课）

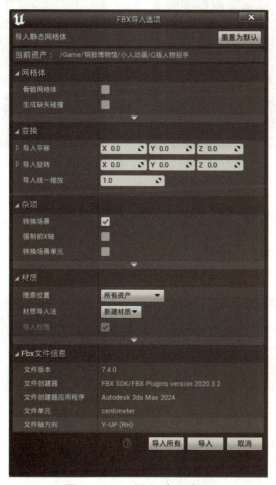

图 5-4-2　导入选项窗口

2.打开"网格体"卷展栏，勾选"骨骼网格体"并展开列表，如图5-4-3所示。打开窗口，并单击"骨骼"右侧白色左向箭头，将展开窗口显示更多参数。

3.继续勾选"导入骨骼层级中的网格体""导入变形目标""导入网格体LOD"，单击"导入所有"按钮以导入FBX格式文件，如图5-4-4所示。

图5-4-3　勾选并展开列表　　　　　　　图5-4-4　导入FBX格式文件

4.将贴图也放进"WoganBaby"文件夹中。导入后将会得到以下文件，分别是骨骼网格体"沃柑宝宝"、动画序列"沃柑宝宝_Anim"、物理资产"沃柑宝宝_PhysicsAsset"、骨骼"沃柑宝宝_Skeleton"、纹理"沃柑宝宝_材质"，还有模型自带的两个材质球"Material__73""Material__78"，如图5-4-5所示。

图5-4-5　任务四所用到素材

企业经验：此时我们可以双击打开"动画序列"查看人物模型的动画是否有错误，有的话就要将这些东西全部删除重新导入，并重新确认是否按图5-4-4中的勾选项勾选。

5. 右击"内容管理器"内空白处，选择"蓝图类"，如图 5-4-6 所示。

图 5-4-6　选择"蓝图类"

6. 选择"蓝图类"后弹出"选取父类"窗口单击"Actor"，如图 5-4-7 所示。获得一个蓝图类"New Blueprint"，将其重命名为"招手小人"，如图 5-4-8 所示。

图 5-4-7　单击"Actor"　　　　图 5-4-8　新建的蓝图类重命名为"招手小人"

7. 再次右击"内容管理器"内空白处，找到"用户界面"单击"控件蓝图"，如图 5-4-9 所示。获得一个控件蓝图"NewWidgetBlueprint"，将其重命名为"触发招手小人"，接下来小人动画的交互都将围绕上面这两个创建内容来制作，如图 5-4-10 所示。

图 5-4-9　单击控件蓝图　　　　图 5-4-10　新建的控件蓝图重命名为
"触发招手小人"

8. 双击蓝图类"招手小人"进入编辑界面，单击左上角"添加组件"打开窗口，单击"骨骼网格体组件"，如图 5-4-11 所示。

9. 选中沃柑宝宝动画文件夹"WoganBaby"里的骨骼网格体"沃柑宝宝"，然后在右侧"细节"面板中的"网格体"卷展栏下，单击"骨骼网格体"白色左箭头，将骨骼网格体匹配进去，如图 5-4-12 所示。

图 5-4-11　单击"骨骼网格体组件"　　　　　图 5-4-12　匹配骨骼网格体

10. 每次更改操作的时候，"编译"图标会出现黄色问号 ![icon]，说明更改操作没有保存。此时单击"编译"图标，黄色问号图标会变成绿色打钩 ![icon]，即已保存更改内容。更改操作后每一步都尽量单击一次"编译"图标进行保存。如果单击"编译"图标出现红色禁止 ![icon]，说明保存出现问题，需要查找页面中标红的地方并进行修改。

11. 重新全屏窗口 ![icon]，单击"事件图表"，右击图表空处并在搜索栏搜索"自定义事件"，选择"添加自定义事件"，如图 5-4-13 所示。

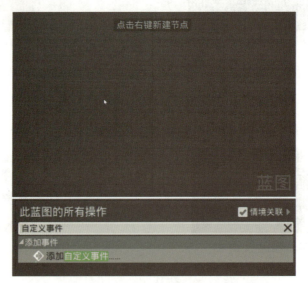

图 5-4-13　选择"添加自定义事件"

12. 单击之后出现的红色"自定义事件"节点上带有重命名，将节点重命名为"触发交互"，也可以单击红色"自定义事件"节点选中后按 F2 键进行重命名。在左侧"组件"面板中，选中之前创建的骨骼网格体"Skeletal Mesh"组件，长按鼠标左键拖曳进事件图表，如图 5-4-14 所示。

图 5-4-14　长按拖曳进图表

13. 在 "Skeletal Mesh" 节点右侧接口处，单击拖曳出一条线至空白处，出现搜索栏，搜索 "播放动画" 并选择，调出 "播放动画" 节点。（注意：一定是从接口处拖曳出线，再搜索 "播放动画" 创建），如图 5-4-15 所示。

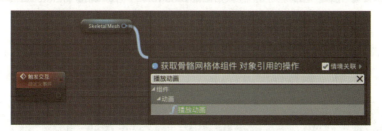

图 5-4-15　制作播放动画连接

14. 将自定义事件 "触发交互" 节点连接 "播放动画" 节点左侧的 "▶" 接口，"Skeletal Mesh" 节点连接 "播放动画" 节点左侧的 "目标" 接口，如图 5-4-16 所示。

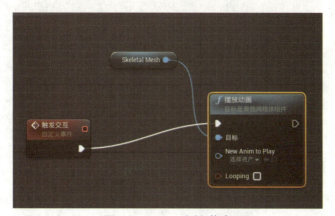

图 5-4-16　连接节点

15. 选中沃柑宝宝动画文件夹 "WoganBaby" 里的动画序列 "沃柑宝宝 _Anim"，在 "播放动画" 节点下的 "New Anim to Play" 中单击白色左箭头，将动画序列匹配进去，如图 5-4-17 所示。最后单击 "编译" 图标保存操作。

图 5-4-17　单击"播放动画"中左箭头

16. 双击控件蓝图"触发招手小人"进入编辑页面，在左侧"控制板"面板中，打开"通用"卷展栏，选中"按钮"长按拖曳进控件蓝图中并且放大成如图 5-4-18 所示形状大小。

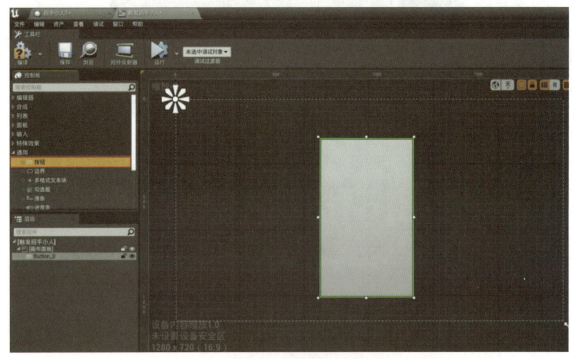

图 5-4-18　拖曳按钮并放大

17. 选中刚拖曳出来的按钮，单击右上角的"锚点"按钮，第二排第 2 个锚点样式（居中样式），锚定按钮的位置于虚线框中间，如图 5-4-19 所示。

18. 单击右上角的 "图表"，进入事件图表，框选"事件预构造"节点、"事件构造"节点、"事件 Tick"节点并按 Delete 键删除节点，如图 5-4-20 所示。

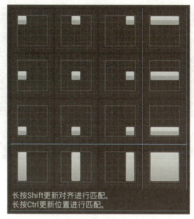

图 5-4-19　单击锚点居中样式

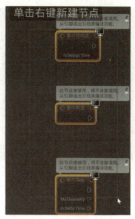

图 5-4-20　长按鼠标框选并删除

19. 单击选中左边变量列表的"Button_0"，单击"事件"卷展栏中"点击时"右边的绿底加号按钮，如图 5-4-21 所示。得到"点击时"的节点后，右击图表空处，搜索"执行控制台命令"，得到"执行控制台命令"节点，将"点击时"节点连接"执行控制台命令"节点左侧的"▶"接口，如图 5-4-22 所示。

图 5-4-21　选中黄底选项并在下方
单击"点击时"

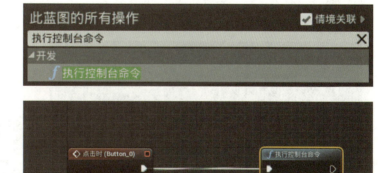

图 5-4-22　创建"执行控制台命令"，并与"点击时"
节点连接

20. "执行控制台命令"节点中"Command"右侧输入指令"ce 中转"，这里一定要注意的是，不管输入任何指令，都要有一个前缀"ce" + 空格，不然交互无法运行，输入指令如图 5-4-23 所示。单击"编译"按钮，回到主页面。

图 5-4-23　输入 ce 中转

21. 从上方工具栏中找到"蓝图",单击下拉菜单中的"打开关卡蓝图",即打开这个场景的关卡蓝图的图表,如图5-4-24所示。

图5-4-24　单击"打开关卡蓝图"

22. 打开关卡蓝图的图表后,在空白处右击搜索"添加自定义事件",得到"添加自定义事件"节点,将该节点重命名为"中转"。回到主页面,在"内容浏览器"的"WoganBaby"文件夹中选中蓝图类"招手小人",如图5-4-25所示。

图5-4-25　在内容浏览器中选中蓝图类"招手小人"并选中

23. 在下方"内容浏览器"的"WoganBaby"文件夹中,长按蓝图类"招手小人"拖进主视口中,摆放至场景中入口的前方,如图5-4-26所示。在右上角的"世界大纲视图"中可以看到刚刚放进去的蓝图类"招手小人",如图5-4-27所示。

图5-4-26　拖进视口并如图摆好

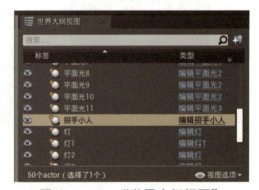

图5-4-27　"世界大纲视图"

24. 选中"世界大纲视图"中蓝图类"招手小人",在上方工具栏中找到"蓝图",单击下拉菜单中的"打开关卡蓝图"回到关卡蓝图界面。空白处右击,选择"创建一个对招手小人的引用",得到"招手小人"节点,如图5-4-28所示。

图 5-4-28　创建一个对招手小人的引用

25. 长按鼠标左键将"招手小人"节点右边的接口拖曳出白线至屏幕空处，搜索"触发交互"，创建"触发交互"（目标是招手小人）节点，如图 5-4-29 所示。将"中转"节点连接"触发交互"节点左侧的"▶"接口，如图 5-4-29 所示，最后单击"编译"按钮。

图 5-4-29　单击创建节点

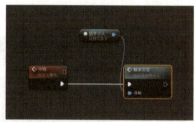

图 5-4-30　连接"中转"节点

26. 回到主页面，在"内容浏览器"的"WoganBaby"文件夹中，鼠标双击蓝图类"招手小人"进入蓝图后，在左侧"组件"面板的"添加组件"中搜索"控件"并选择"控件组件"得到控件组件"Widget"，如图 5-4-31 所示。

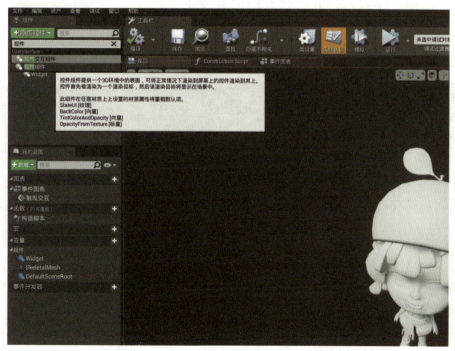

图 5-4-31　搜索并选中"控件组件"

27.选中控件组件"Widget",在"细节"面板的"用户界面"卷展栏中更改"控件类"为控件蓝图"触发招手小人",更改方法是:在下方"内容浏览器"的"WoganBaby"文件夹中,选中控件蓝图"触发招手小人",然后在"细节"面板的"用户界面"卷展栏中单击"控件类"右边的白色左向箭头完成更改,如图5-4-32所示。

图 5-4-32　单击控件类箭头

28.在"组件"面板的"DefaultSceneRoot"卷展栏中单击选中控件组件"Widget",即击中白色区域触发小人的动画,然后利用旋转、放大、平移等工具更改白色区域大小,使其刚好覆盖小人,如图5-4-33所示。

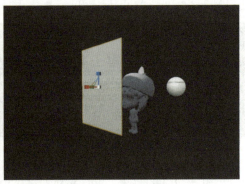

图 5-4-33　拖曳黄底选项进入视口并通过拖曳箭头如图摆放

29.要使白色区域不挡住小人,需要调整它的透明度。在"内容浏览器"的"WoganBaby"文件夹中双击打开控件蓝图"触发招手小人",选中白色区域,在"细节"面板的"行为"卷展栏中将"渲染不透明度"参数调整为0,更改后主视口中的白色区域变为透明,但是交互还是能正常使用,如图5-4-34所示。

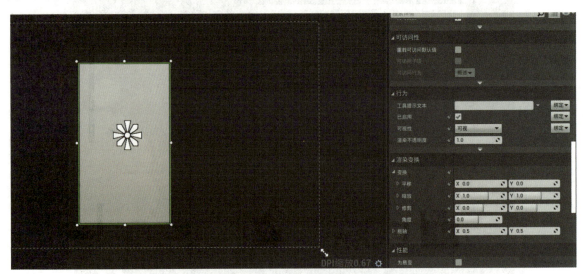

图 5-4-34　将"渲染不透明度"参数调整为 0

30. 回到主页面，在"内容浏览器"的"WoganBaby"文件夹中的内容管理器找到材质"Material_73"，选中后重命名为"caizhi"，如图 5-4-35 所示。

31. 双击材质"caizhi"进入编辑页面，单击原有贴图节点"Texture Sample"节点，将其删除，将材质蓝图"caizhi"页面缩小，在"内容浏览器"的"WoganBaby"文件夹中，将纹理

图 5-4-35　将材质重命名

图片"沃柑宝宝 _ 材质"拖入材质蓝图"caizhi"页面图表，得到新的"Texture Sample"节点，将"Texture Sample"的"RGB"接口连接"caizhi"节点的"基础颜色"接口，单击"应用"按钮完成制作，如图 5-4-36 所示。

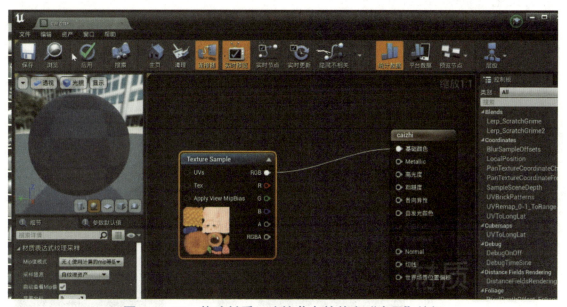

图 5-4-36　修改材质、连接节点并单击"应用"按钮

四、任务自评

任务四　"人物交互制作"自评表

评价名称	评价标准	自评
基础知识	完成"任务前导"和"想、查、悟"等模块的任务	全部完成□ 部分完成□ 没有完成□
产品质量	1. 能够正确导入人物模型。 2. 能够正确处理人物模型材质。 3. 能够制作人物交互效果	完全一致□ 部分一致□ 完全不一致□
行业规范	1. 操作符合 VR 全景动漫师行业标准。 2. 计算机、数位板等设备使用合理，清洁工作台。 3. 任务保质保量，在规定时间内完成	符合要求□ 部分符合要求□ 不符合要求□

任务五　音、视频播放交互制作

一、任务前导

在我们的民族数字博物馆中增加音、视频的播放，能更好地丰富 VR 动漫作品的表现形式和互动体验。用户可以通过 VR 手柄击准播放按钮，收听展品音频简介，也可以直接在虚拟展馆中观看相关视频短片，从视、听、触觉获得极致的感官刺激，全方位深度了解展品的文化内涵和历史背景。

本次任务将使用 UE4 软件创建控件蓝图、制作介绍界面及按钮，并搭建音、视频的播放交互。

音、视频播放交互制作思路

音、视频播放交互制作思路如表 5-5-1 所示。

表 5-5-1　音、视频播放交互制作思路

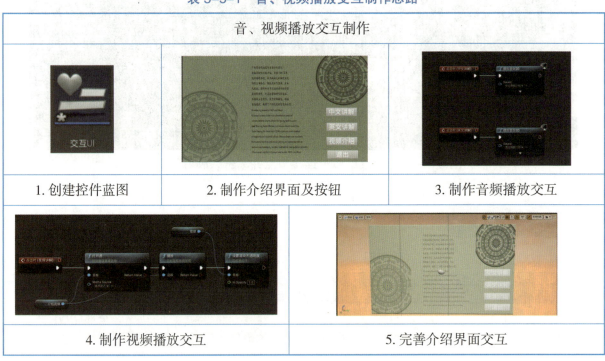

音、视频播放交互制作		
1. 创建控件蓝图	2. 制作介绍界面及按钮	3. 制作音频播放交互
4. 制作视频播放交互		5. 完善介绍界面交互

任务最终效果图

任务最终效果图如图 5-5-1 所示。

图 5-5-1　任务最终效果图

　想、查、悟

想一想，我们在 VR 虚拟场馆中能得到哪些感官的体验，这些不同的感官体验要怎么实现？

二、制作流程

1. 在"内容浏览器"的"museum"中新建文件夹，重命名为"Audio_and_video"。进入文件夹，右击，在弹出的菜单中找到"用户界面"下的"控件蓝图"，单击此选项获得一个控件蓝图，重命名为"交互 UI"，如图 5-5-2 所示。

制作（微课）

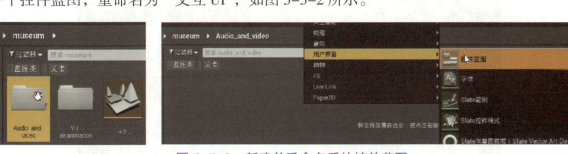

图 5-5-2　新建并重命名后的控件蓝图

2. 导入图片"背景""铜鼓介绍文案"至"Audio_and_video"文件夹内，鼠标双击控件蓝图"交互 UI"进入蓝图，在左侧"控制板"面板"通用"卷展栏中长按鼠标左键将"图像"拖曳到控件蓝图中并拉满至画布。选中画布中的"图像"，在右侧"细节"面板的"插槽（画布面板槽）"卷展栏中选择"锚点"中的第 4 排第 4 个样式（布满样式），如图 5-5-3 所示。

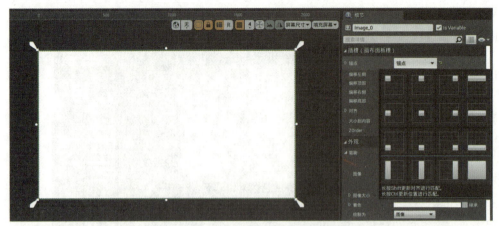

图 5-5-3   将"图像"拉满至画布

3. 选中"图像",在"细节"面板的"外观"卷展栏中选择"图像",替换为上一步导入的背景图片"背景",如图 5-5-4 所示。

图 5-5-4   选中后单击箭头导入图片

4. 再次创建一个"图像",拖曳到控件蓝图中并拉至画布中间。选中"图像",在"细节"面板的"插槽(画布面板槽)"卷展栏中选择"锚点"中的第 2 排第 2 个样式(居中样式)。在"细节"面板的"外观"卷展栏中选择"图像",替换为上一步导入的图片"铜鼓介绍文案",如图 5-5-5 所示。

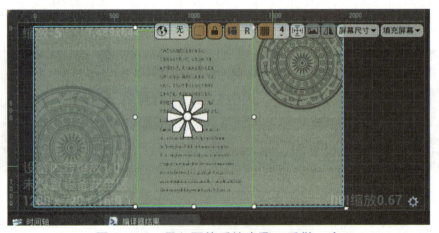

图 5-5-5   导入图片后按步骤 1 重做一次

5. 在"控制板"面板的"通用"卷展栏中长按鼠标左键将"按钮"拖曳到控件蓝图中的画布上,重复创建出 4 个按钮,垂直摆放至画布右下方。在"控制板"面板的"通用"卷展栏中长按鼠标左键将"文本"拖曳到画布中的按钮上,如图 5-5-6 所示。

图 5-5-6　拖入按钮后总览

6.单击新建的"文本"，在"细节"面板的"内容"卷展栏中选择"文本"，分别改为"中文讲解""英文讲解""视频介绍""退出"。在"内容"卷展栏中将"尺寸"统一修改为 50，如图 5-5-7 所示。

图 5-5-7　修改"尺寸"

7.在"控制板"面板的"层级"卷展栏中分别选中按钮，在"细节"面板上方更改重命名为"中文讲解""英文讲解""视频介绍""退出"，并勾选"Is Variable"，如图 5-5-8 所示。

8.在控件蓝图的右上角单击切换到"图表"，在左侧"我的蓝图"面板的"变量"卷展栏中选中"中文讲解"后，在"细节"面板的"事件"卷展栏中单

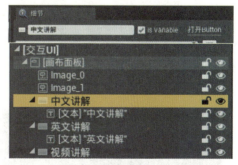

图 5-5-8　选中后勾选 Is Variable

击"点击时"右边的绿底加号按钮，在事件图表中调出"点击时（中文讲解）"节点，重复 3 次以上操作，调出"点击时（英文讲解）""点击时（视频介绍）""点击时（退出）"节点，如图 5-5-9 所示。

图 5-5-9　将变量列表内 4 个选项分别单击"点击时"右方加号以导入节点

9. 右击图表空白处添加 2 个"播放音效 2D"，将"点击时（中文讲解）"节点连接第一个"播放音效 2D"节点左侧的"▶"接口，将"点击时（英文讲解）"节点连接第二个"播放音效 2D"节点左侧的"▶"接口，如图 5-5-10 所示。

10. 导入"中文铜鼓介绍"和"英文铜鼓介绍"音频至"Audio_and_video"文件夹，如图 5-5-11 所示。

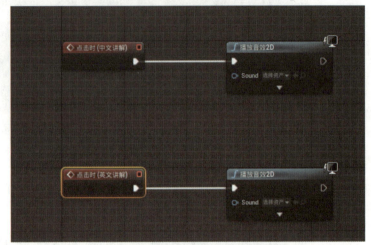

图 5-5-10　创建"播放音效 2D"后复制一个出来并各自连接

11. 选中"Audio_and_video"文件夹中的"中文铜鼓介绍"音频，在事件图表中，第一个"播放音效 2D"节点在"Sound"下方单击灰色左箭头←，导入音频至节点中。重复以上操作，完成第二个"播放音效 2D"节点的"中文铜鼓介绍"音频导入，如图 5-5-12 所示。

图 5-5-11　导入的两个音频

图 5-5-12　分别选中两个音频并单击"播放音效 2D"中的箭头对应导入

12. 继续添加"执行控制台命令"节点，在"Command"下方指令输入"ce 关闭铜鼓介绍"，将其连接"点击时（退出）"节点，如图 5-5-13 所示。

图 5-5-13　在输入框内输入"ce 关闭铜鼓介绍"

13. 导入视频"铜鼓介绍"至"Audio_and_video"文件夹内，右击文件夹空白处，选择"媒体"创建"媒体播放器"，如图 5-5-14 所示。将媒体播放器重命名为"铜鼓介绍播放器"，便得到一个视频和一个播放器，如图 5-5-15 所示。

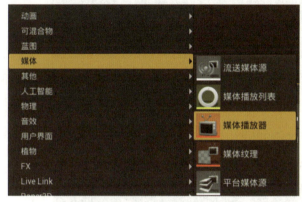

图 5-5-14　单击以创建　　　　　图 5-5-15　得到视频和播放器

14. 在"Audio_and_video"文件夹内，右击文件夹空白处，选择"媒体"创建"媒体纹理"，如图 5-5-16 所示。

15. 在"Audio_and_video"文件夹内，右击文件夹空白处，选择"材质"选项创建材质，将其重命名为"铜鼓介绍材质"，如图 5-5-17 所示。

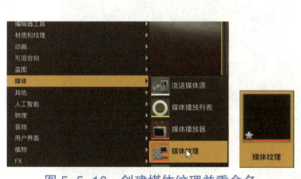

图 5-5-16　创建媒体纹理并重命名　　　　　图 5-5-17　创建材质并重命名

16. 双击文件夹中创建的"媒体纹理"进入并缩小界面，在"Audio_and_video"文件夹内选中媒体播放器"铜鼓介绍播放器"，在"细节"面板的"媒体"卷展栏，单击"媒体播放器"右侧的白色左向箭头导入媒体播放器，如图 5-5-18 所示。

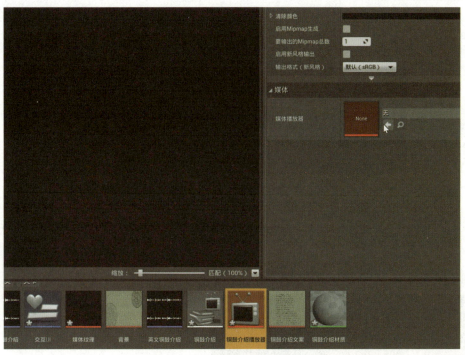

图 5-5-18　导入媒体播放器

17.双击"铜鼓介绍材质"并缩小界面，在内容管理器中选择"媒体纹理"直接拖曳到铜鼓模型材质蓝图中，变成"Texture Sample"节点，将"Texture Sample"节点的"RGB"接口连接"铜鼓介绍材质"节点的"基础颜色"接口，如图 5-5-19 所示。

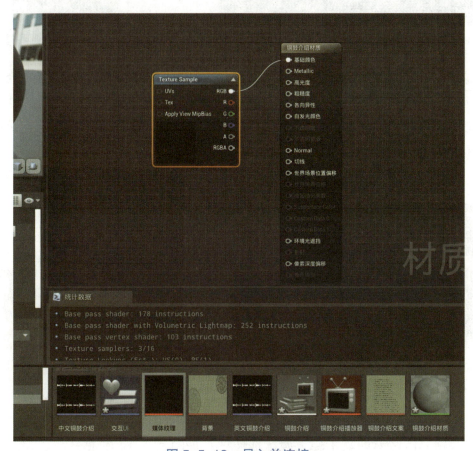

图 5-5-19　导入并连接

18. 回到控件蓝图"交互 UI"创建一个图像，拉至画布左半部分，在"细节"面板中将其重命名为"视频"，如图 5-5-20 所示。在"插槽（画布面板槽）"卷展栏中选择"锚点"中的第 2 排第 2 个锚点样式（居中样式）。

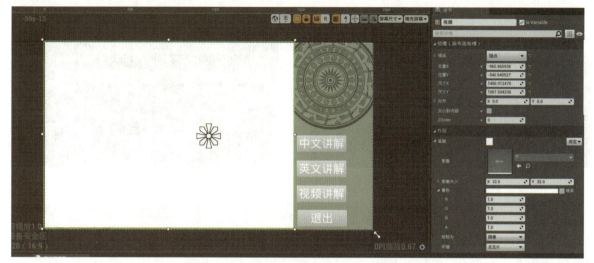

图 5-5-20　新建图像修改大小并重命名

19. 缩小窗口，在内容管理器中选中"铜鼓介绍材质"，选中"图像"，在"细节"面板的"外观"卷展栏中单击"图像"右侧的白色左向箭头，换上材质"铜鼓介绍材质"，如图 5-5-21 所示。

图 5-5-21　导入材质

20. 放大窗口，在控件蓝图的右上角单击切换到"图表"，在左侧"变量"卷展栏中找到"视频"，将其拖曳进图表内，在弹出的对话框中选择"获取视频"，如图 5-5-22 所示。

21. 在左侧"变量"卷展栏中单击"变量"卷展栏上的加号按钮，下方出现 "NewVar_0"变量，将其重名为"介绍视频"，单击前方红色按钮，搜索"媒体播放器"，选择"媒体播放器"后选择"对象引用"，介绍视频前面的 变成 ，如图5-5-23 所示。

图5-5-22   选择"获取视频"

图5-5-23   单击"对象引用"

22. 在控件蓝图的右上角单击切换到"图表"，在"变量"卷展栏中找到"视频"，将其拖曳进图表内，在弹出的对话框中选择"获取视频"，在事件图表里右击搜索"打开源"，这次需注意要把"情境关联"的√取消，不然无法找到，调出"打开源"节点，如图5-5-24所示。

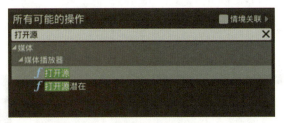

图5-5-24   单击"打开源"以创建

23. 将"点击时（视频讲解）"节点连接"打开源"节点左侧的"▶"接口，"介绍视频"节点连接"打开源"节点中的"目标"接口，如图5-5-25所示。

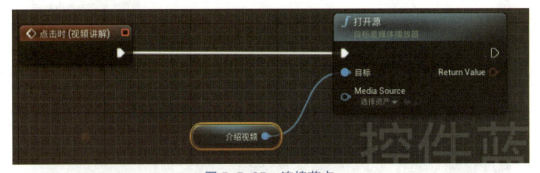

图5-5-25   连接节点

24. 选中"介绍视频"节点并缩小窗口，再选中内容管理器中的"铜鼓介绍播放器"，在窗口左下角的"细节"面板中找到"默认值"卷展栏，单击"介绍视频"右侧的白色左向箭头，导入"铜鼓介绍播放器"，如图5-5-26所示。

25. 选中内容管理器中的"铜鼓介绍"视频，单击"打开源"节点中的"Media Source"右侧的白色左向箭头，导入"铜鼓介绍"视频，如图5-5-27所示。

图 5-5-26　导入"铜鼓介绍播放器"

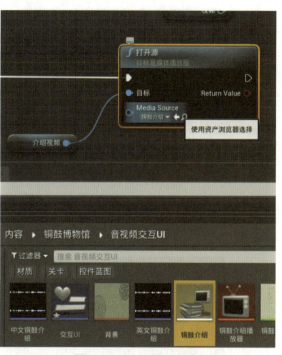

图 5-5-27　导入视频

26. 全屏窗口，从"介绍视频"节点拉出线条至空白处，搜索"播放"，注意要记得重新勾选"情境关联"，选择"播放"，调出"播放"节点。将"打开源"的右侧"▶"接口连接"播放"节点的左侧"▶"接口，将"打开源"节点的"Media Source"接口连接"播放"节点的"目标"接口，如图 5-5-28 所示。

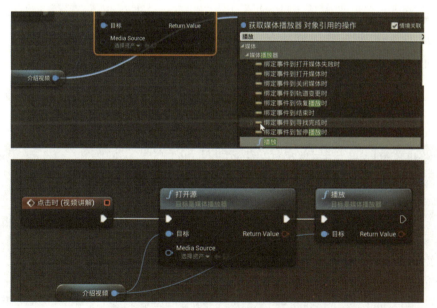

图 5-5-28　拉出线条创建节点并连接

27. 从"视频"节点拉出线条至空白处，搜索"设置渲染不透明度"并选择，调出"设置渲染不透明度"节点，如图 5-5-29 所示。

28. 将"播放"节点的右侧"▶"接口连接"设置渲染不透明度"节点的左侧"▶"接口，如图 5-5-30 所示。

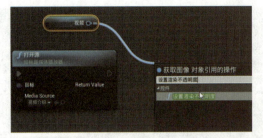

图 5-5-29　单击以创建节点

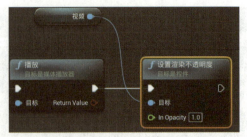

图 5-5-30　连接节点

29. 在控件蓝图的右上角单击切换到"设计器" 设计器，单击选中图表内的白底图，即第 19 步已换了"铜鼓介绍材质"的"图像"，在"细节"面板的"行为"卷展栏中将"渲染和不透明度"修改为 0.0，将其隐藏起来，如图 5-5-31 所示。

图 5-5-31　修改可视性

30. 回到主页面，在"内容浏览器"的"Audio_and_video"文件夹中，右击"蓝图类"→"actor"，新建蓝图类，重命名为"音视频 UI 控件"，鼠标双击进入并在左上角组件列表新建"控件组件"以获得控件组件"Widget"，右侧"细节"面板中"用户界面"卷展栏中更改"控件类"为控件蓝图"交互 UI"，更改好后用旋转工具调好朝向为正前方，如图 5-5-32 所示。

图 5-5-32　导入蓝图并调整

31. 最大化窗口，选中第 30 步创建的控件组件"Widget"，将"细节"面板的"用户界面"卷展栏中的"绘制大小"调整为 X 1800、Y 1100，如图 5-5-33 所示。

图 5-5-33　修改参数

32. 回到主视口，在"内容浏览器"的"museum"文件夹中把创建好的蓝图类"音视频 UI 控件"拖曳到主视口中后，使用移动工具将其放置在场景正前方的外面，如图 5-5-34 所示。

图 5-5-34　摆放控件

33. 单击选中主视口内的蓝图类"音视频 UI 控件"，在上方工具栏中找到"蓝图"，单击下拉菜单中的"打开关卡蓝图"回到关卡蓝图界面。添加"添加自定义事件"节点，将其重命名为"铜鼓介绍"，添加"添加本地偏移"节点。右击选择"创建一个对音视频 UI 控件的引用"，调出"音视频 UI 控件"节点，将"音视频 UI 控件"节点连接"添加本地偏移"节点的"目标"接口后，连接线上自动出现"目标 根组件"节点。将"铜鼓介绍"节点右侧的"▶"接口连接"添加本地偏移"节点左侧的"▶"接口，如图 5-5-35 所示。

图 5-5-35　导入并连接节点

34. 添加"添加自定义事件"节点，将其重命名为"关闭铜鼓介绍"，添加第 2 个"添加本地偏移"节点，从上方的"音视频 UI 控件"节点复制一个下来，连接方式与图 5-5-35 相同，最终效果图如图 5-5-36 所示。

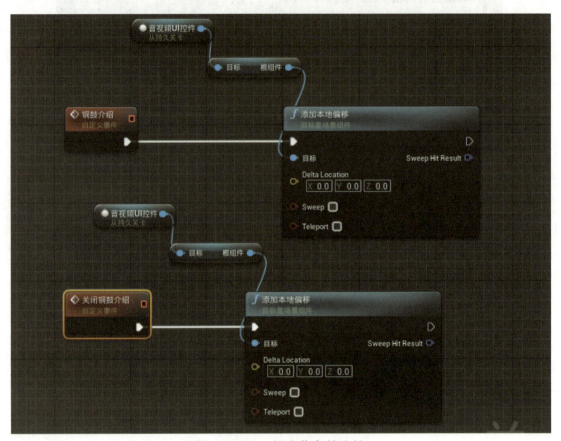

图 5-5-36　创建节点并连接

35. 单击选中主视口内的蓝图类"音视频 UI 控件"，"细节"面板的"变换"卷展栏中复制"位置" XYZ 轴参数，如图 5-5-37 所示，粘贴到第 1 个和第 2 个"添加本地偏移"节点的"Delta Location" XYZ 轴参数。回到主视口中，选择蓝图类"音视频 UI 控件"，使用移动工具，沿 X 轴移动到展厅前门口位置，如图 5-5-38 所示。在移动后的"细节"面板的"变换"卷展栏中复制"位置" X 轴参数，粘贴到第 1 个铜鼓介绍"添加本地偏移"节点的"Delta Location" X 轴参数中，如图 5-5-39 所示。

图 5-5-37　记录位置右侧的 XYZ 轴参数

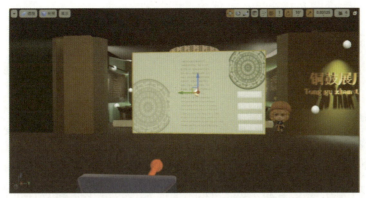

图 5-5-38　拖曳控件进图中位置后填写参数

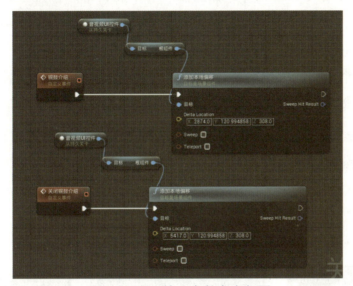

图 5-5-39　输入参数参考如图

36. 最后将蓝图类"音视频 UI 控件"的位置 X 轴改回"关闭铜鼓介绍"所连接的"添加本地偏移"中的 X 轴参数，便可完成全部音、视频播放交互的制作。

三、任务自评

任务五　"音、视频播放交互制作"自评表

评价名称	评价标准	自评
基础知识	完成"任务前导"和"想、查、悟"等模块的任务	全部完成□ 部分完成□ 没有完成□
产品质量	1. 能够制作音频播放效果。 2. 能够制作视频播放效果	完全一致□ 部分一致□ 完全不一致□
行业规范	1. 操作符合 VR 全景动漫师行业标准。 2. 计算机、数位板等设备使用合理，清洁工作台。 3. 任务保质保量，在规定时间内完成	符合要求□ 部分符合要求□ 不符合要求□

任务六　作品调试导出

一、任务前导

　　VR动漫作品的诞生，融合了技术、艺术、文化和创新等多方面的要素。当所有的建模、动画、贴图、光效和交互等工作都完成之后，接下来的关键步骤就是作品的调试与导出。

　　本次任务我们将使用UE4软件，在虚拟环境中完整地进行检查调试，确保作品能按要求正确运行。然后根据目标平台和设备的要求，选择适当的文件格式进行导出。并在搭建、连接好的VR设备上运行作品，最终实现在VR终端设备上的呈现。VR动画作品的调试和导出是整个项目的关键环节。通过认真地调试和合理的导出设置，可以确保VR动漫作品在各种环境下都能为观众带来沉浸式的观影体验。

作品调试导出制作思路

　　作品调试导出制作思路如表5-6-1所示。

表 5-6-1　作品调试导出制作思路

作品调试导出		
1. 全部检查	2. 保存项目	3. 打包导出
4. 搭建 VR 设备	5. 计算机连接 VR 设备	6. 启动文件在 VR 中使用

想、查、悟

　　你在现实生活中组装或调试过哪些电子设备？组装或调试的过程中要注意哪些问题？

二、任务知识储备

虚拟现实（Virtual Reality，简称 VR），从 20 世纪中叶模拟器的出现，到 20 世纪末期 VR 概念被系统性确立，再到现如今在 5G 的高速信息时代背景下快速迭代，已经离我们的生活越来越近。而在中国，从 1990 年国家航天事业奠基人、人民科学家钱学森，将 VR 意译为"灵境"，到如今也已过去了 30 余年。

在 VR 的发展历程中，设备从"庞然大物"向着"轻巧便携"不断演化。首先，设备的高品质和稳定性可以保证教学的正常进行，避免了设备故障对学生学习的干扰；其次，设备的拟态丰富和高度定制可以满足不同学科和课程的需求，使学生可以在虚拟环境中进行更加真实、生动的学习体验；最后，设备的智能交互和性能优异也可以提高学生的学习兴趣和积极性，使学生更加专注于学习内容，提升学习效率。

三、制作流程

1. 确认先前的节点是否编译、无错误，单击保存项目。在主页面的"内容管理器"字样下方单击"保存所有"按钮，在弹出框中单击"保存选中项"按钮保存项目，如图 5-6-1 所示。

制作（微课）

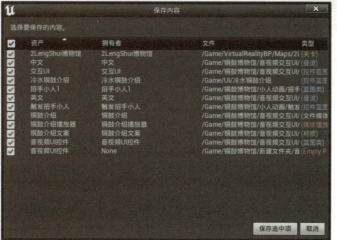

图 5-6-1　保存项目

2. 打包导出。在主页面的左上角找到"文件",打开该菜单单击"打包项目"→"Windows(64-bit)",如图5-6-2所示。

3. 选择放置位置。单击选择文件夹,项目就会开始打包,在此期间耐心等待,打包完毕后,便可以在该文件夹中查看,如图5-6-3所示。

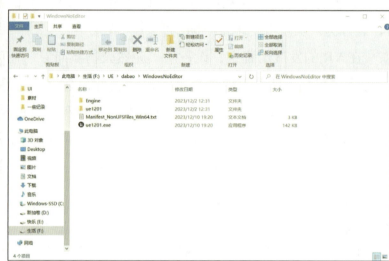

图 5-6-2　打包项目　　　　　　　图 5-6-3　打包后的文件

4. 将VR设备连接到电脑上,但首先我们要知晓如何组装VR设备,如图5-6-4所示是我们需要组装的VR设备。接下来拿起接头①和接头⑥,接入接头②,最终连接效果如图5-6-5所示。

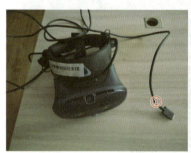

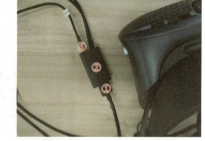

图 5-6-4　VR设备接头①和接头⑥,接入接头②中　　　图 5-6-5　最终连接效果

5. 接着,将接头⑤和接头④接入主机后面接口中,如图5-6-6所示,将插头③插入排插电源。

6. 在电脑上安装VR设备驱动。在电脑上打开任意浏览器并复制以下网址(VIVE官方网站)到浏览器地址栏,打开进入VIVE界面,下载VR设备驱动软件,如图5-6-7所示。

链接:https://www.vive.com/cn/setup/pc-vr/

图 5-6-6　连接

图 5-6-7　打开官方网站下载

7. 随后单击下载，耐心等待片刻，下载好后单击打开文件夹，然后依次单击 VIVE →
App → ViveConsole 找到应用程序 ViveConsole.exe，双击进行安装，如图 5-6-8 所示。

8. 安装完成后双击打开驱动，此时在连接了 VR 设备的情况下，头显图标亮起表明头
显已连接上，如图 5-6-9 所示。红色提示文字不影响后续操作。

图 5-6-8　打开下载好的应用程序

图 5-6-9　头显已连接

9. 拿起 VR 设备里的两个手柄，按一下里面的三角形按键打开手柄，等到手柄常亮时
便代表手柄已开启，程序会出现连接上的反馈，手柄图标亮起，如图 5-6-10 所示。

10. 单击程序左上角三个黑杠（设置），在弹出来的窗口中单击"房间设置"，如图
5-6-11 所示。然后带上头显，拿起手柄，根据头显里面的提示操作划分游玩区域，在划
分好的游玩区域内就可以正常使用 VR 设备。

图 5-6-10　单击手柄上按键后软件显示手柄已连接　　　　图 5-6-11　单击房间设置

11. 在打包出来的文件夹内单击打开后缀为 .exe 的应用程序，就可以正常游玩你制作的铜鼓博物馆了。

四、任务自评

任务六　"作品调试导出"自评表

评价名称	评价标准	自评
自学自测基础知识	完成"任务前导"和"想、查、悟"等模块的任务	全部完成☐ 部分完成☐ 没有完成☐
产品质量	1. 能够搭建好 VR 设备。 2. 能够将作品导入 VR 设备并使用	完全一致☐ 部分一致☐ 完全不一致☐
行业规范	1. 操作符合 VR 全景动漫师行业标准。 2. 计算机、数位板等设备使用合理，清洁工作台。 3. 任务保质保量，在规定时间内完成	符合要求☐ 部分符合要求☐ 不符合要求☐

岗课赛证拓展

全国技能大赛"数字艺术设计"赛题

模块三 数字交互展示

任务描述

1. 创建如图所示大海场景：晴天阳光照耀，抬头有光晕，海面有水波翻滚效果。海面上有一片小岛，岛上有树木、沙滩和礁石，海浪拍打沙滩。

2. 一艘"蛟龙号"潜水艇漂浮在海面上，出现打字机效果显示文字"'蛟龙号'载人深潜器是我国首台自主设计、自主集成研制的作业型深海载人潜水器。'蛟龙号'

可在占世界海洋面积 99.8% 的广阔海域中使用，对于我国开发利用深海的资源有着重要的意义。"文字介绍结束后出现按钮"开始下水"，当鼠标单击"开始下水"按钮后，"蛟龙号"开始缓慢下沉到水面以下，做出"蛟龙号"船体两侧挤压排出水花的粒子效果。当"蛟龙号"完全沉入海中时，视角切换到海底。

3. 创建如图所示深海海底场景，要有海沟地形和背景音乐。色调深蓝幽暗，整个海底场景有扭曲折射的效果，光通过海面透下来，有类似丁达尔光束效果，越往海底光束越弱。海底有珊瑚、礁石、气泡、飘动的水草等，使用粒子做出多个随机移动、大小不一的鱼群效果。使用动画做出一只大型鳗鱼在海中游动的状态。

4. 场景远处迷雾效果，从迷雾中驶来一艘"蛟龙号"，为"蛟龙号"尾部螺旋桨制作转动动画效果，为其头部制作多个探照灯效果。

5. 当"蛟龙号"驶近，停下，此时摄像机视角在"蛟龙号"正侧面。拖曳"蛟龙号"模型可上、下、左、右旋转观察。屏幕下方出现三个按钮，分别为"更换颜色""检查'蛟龙号'""开始下潜"。

6. 当鼠标单击"更换颜色"按钮时，按钮上方出现红、蓝、橙三种颜色方块，单击相应方块，"蛟龙号"变换相应涂装颜色。

7. 当鼠标单击"检查'蛟龙号'"按钮时，暂停拖曳观察功能。"蛟龙号"头部、尾部、顶部位置上分别出现一个高亮闪烁的圆形图标，单击图标，观察视角可变换到"蛟龙号"头部、尾部和顶部位置；再次单击"检查'蛟龙号'"按钮，可回到原视角。

8. 当鼠标单击"开始下潜"按钮时，出现UI"深度2000米，发现马里亚纳海沟，开始下潜"，文字消失后，通过W、A、S、D键实现"蛟龙号"前、后、左、右移动，按E键下潜，屏幕右上角出现UI显示下潜深度变化，海底越来越暗。

9. 当UI显示下潜到7062米后，发出报警声，无法继续下潜,UI"发现海底不明生物，探底成功"，为新发现水母做发光特效。

本章小结

通过本项目的学习，可以让学习者基本理解UE4的基础操作，了解制作VR铜鼓博物馆的制作方法。本项目练习了VR铜鼓博物馆的模型导入、灯光制作、各类交互的制作。制作的过程中使读者潜移默化地形成自觉保护非遗文化的意识，树立非遗文化数字化思维，养成良好的职业习惯。

参 考 文 献

［1］吴静，陈榆，陈龙. Unreal Engine 4 虚幻引擎［M］. 北京：北京理工大学出版社，2021.

［2］初树平，张翔. 3ds Max & Unreal Engine 4——VR 三维建模技术实例教程（附 VR 模型）［M］. 北京：人民邮电出版社，2019.

［3］杨鲁新. 三维动画实训教程: 3ds max 2009［M］. 北京：中国水利水电出版社，2010.

［4］林世仁. 三维动画实训（下）［M］. 北京：中国人民大学出版社，2013.

［5］陈竺. 虚拟现实（VR）效果表现项目案例教程（3ds Max+Unreal Engine 4）［M］. 北京：水利水电出版社，2018.

［6］天津尚游天科技有限公司. 3ds Max & Unreal Engine 4——VR 三维建模技术实例教程（附 VR 模型）［M］. 北京：人民邮电出版社，2019.

［7］王猛. 在三维动画制作中虚拟现实技术的应用［J］. 计算机产品与流通，2020（4）：160.

［8］周晓莹，吕雯雯. 三维动画制作中虚拟现实技术的实践［J］. 记者摇篮，2020（3）：80-81.